第3期

刘华杰 薛晓源 主编

中國博物学評論

SINCE 1897
The Commercial Press
商務印書館

图书在版编目(CIP)数据

中国博物学评论.第3期/刘华杰,薛晓源主编.—北京:商务印书馆,2018
ISBN 978-7-100-16828-1

Ⅰ.①中… Ⅱ.①刘… ②薛… Ⅲ.①博物学—中国—文集 Ⅳ.①N912-53

中国版本图书馆 CIP 数据核字(2018)第 260239 号

中国博物学评论
(第三期)

刘华杰 薛晓源 主编

商 务 印 书 馆 出 版
(北京王府井大街36号 邮政编码100710)
商 务 印 书 馆 发 行
北京中科印刷有限公司印刷
ISBN 978-7-100-16828-1

2018 年 12 月第 1 版　　　开本 787×1092 1/16
2018 年 12 月北京第 1 次印刷　印张 13½
定价:55.00 元

目　录

纵横

旅行

描摹

访谈

动态

纵横

博物学是什么，在哪里？

吴彤（清华大学科技与社会研究所）

在中国大陆，博物学研究与博物学图书出版正如火如荼地蓬勃展开，而查阅中国学科分类，在国务院学科目录的生物学类（180）里，没有博物学。如若把博物学安置在生物学里，只能放在"生物学其他学科"（180.99）中。同样，民族植物学也没有位置。博物学是一门民间的"生物学实践与理论运动"吗？到图书馆查阅博物学图书，发现它们一般也被放在"自然科学总论"（N）以及"生物学史"或"××志"门类下，不知这是否与博物学英文名"natural history"的误译有关？倡导博物人生的北大教授刘华杰就认为博物学与 natural history 之间不是完全对等的关系，他曾经在一篇文章中用示意图画出博物学、natural history 与自然科学之间的交汇与差异，

试图说明他心中的博物学远不是西方意义上的博物学（刘华杰，2011）。

我们知道，按照影响日益深远的经验主义的理解，自伽利略以来的物理学之所以取得成功，似乎恰恰是因为物理学不考虑对象之于人类的意义。但是，……这些意义恰恰是需要我们去理解的。忽视意义，就相当于放弃了对该对象的研究。……以物理学为模板的科学，……把一个行为作为一系列动作，而不是对某个情境充满意义的回应；把生命作为一个物理过程，而不是一个统一的充满鲜活故事的历程。（Rouse, 1987: 42）博物学不是物理学，恰恰是蕴含人文意义的学科，博物学是对自然事物进行人文阐述的学问。的确，我认为，无论是在西方还是古代中国，

博物学都是一种尺度介于宏观与微观之间的人与自然打交道的观看、探究和行为方式。它基本上是以非实验的方式，把目光投射到与人类息息相关的动物、植物和矿物上，观察、叙述它们，并且从人与自然关系的视角去研究这些动物、植物和矿物的种类、分布、性质和生态以及与本土居民的关系等，它就是这样一门综合性、整体性和多学科的学问、学科。[1] 以下深入地解释一下我关于博物学是什么的说法（不是定义，而是描述）。

第一，尺度为什么是介于宏观与微观之间的呢？所谓微观，不是现代分子水平的介入，早期利用显微镜对植物细胞壁的观察，只是刚刚触及微观，而绝不是进入细胞甚至分子水平的微观；所谓宏观，就是人的身体尺度以及最多多两个数量级的尺度，可能还是博物学的观测、研究。

第二，以非实验的方式观察与叙述自然，而不是在实验室里，或以实验的方式解剖自然对象，这一点与实验科学相区别。所谓"观察与叙述"，就是说从尊重他者的视角，在旁边观看，通过

非介入的方式，尊重自然的生命演化、形态形成；按照观察所得，叙述对象，而这个对象并不是纯粹无主体的对象，而是仰赖主体感受性的对象。

第三，这种博物学是从人与自然关系的视角研究对象及其与人类关系的学问。它关注我们身边的物种，关注人类活动对物种的影响，以及反过来物种对人类生活的影响；它不是去除了与人相关的意义的学问。

有学者认为，博物学概念也是舶来品，因此，当我们说博物学时，必须以西方博物学本身的概念（内涵和外延）来规范博物学，并以此来打捞中国传统的自然知识，这也是为什么有人认为中国只有博物传统而没有博物学。的确，谁创造或第一次使用"博物学"概念很重要，但博物传统不正是博物学概念的源头吗？！只不过我们的博物学概念无须向自然索取过多，因此迟迟没有诞生（或者可以用孔子所言"多识于虫鱼草木之名"，称之为"虫鱼草木之学"）；我认为，西方博物学概念的早熟是由于西方较早被拖入商业资本剥削和过度开发自然的进程中，清晰的西方博物学概念随着数理、实验科学的出现而诞生，并且成为资本向世界市场扩张的帮凶，成为征服世界的帝国博物学。我们参照近代科学意义上的博物学的规范来说中

---

[1] "多学科"，是有了学科划分后的说法，在中国古代，学问未被分科，当然也就没有所谓"多学科"的说法。

国古代有博物学传统而没有博物学，其实只是在抽象意义上而言，难免出错。比较老普林尼的《自然志》与《山海经》的内容，两者有多处相同、相似，如都有怪异神奇之物，也有关于日常动植物的内容。如果说老普林尼的著述属于博物学，中国的《山海经》不是博物学著作，这岂不是有失公允！我曾经受何丙郁先生、潘世俊先生的启发，到中国文人的诗词绘画中寻找中国人关于"人与自然"或"文化与自然"的观察、探究和看法，发现正是因为中国古代学问并不分科，所以文人的诗词绘画充满了博物的知识与情怀。例如，最近在我的"自然与文化：中国古代的诗词、绘画与炼丹"课堂（2017 秋季课程）上，诗词组的同学们非常有灵气地将关乎"风雨云霜雪"等物候的若干诗词串起来研究，发现中国古代文人墨客并不缺少关于自然的博物知识，他们常常借助物候与季节变化，既真实细腻地观看自然，又表达诗人情感，从物候中解读人文意义，从意义里细腻抒情地表达自然。其实，博物知识不仅存在于中国古代诗词中，中国传统绘画同样包含丰富的博物知识与情怀。诚如《宣和画谱》所言："花之于牡丹芍药，禽之于鸾凤孔翠，必使之富贵。而松竹梅菊，鸥鹭雁鹜，必见之幽闲。至于鹤之轩昂，鹰隼之击搏，杨柳梧桐之扶疏

风流，乔松古柏之岁寒磊落，展张于图绘，有以兴起人之意者，率能夺造化而移精神，遐想若登临览物之有得也。"（岳仁，1999：310）宋代文人郭若虚指出，必须辨识花果草木、禽鸟诸兽在四时之景、形体名件、动止之性上的差异，才能绘制出符合自然意蕴的画作。这种观点，充分表明了中国古代绘画不仅是艺术之作，而且是博物知识之载体。最近我们研究所的博士后张钫在《美术与设计》上发表了一篇关于《宣和画谱》的博物学论文"画者的博物学：基于《宣和画谱》的考察"。她发现《宣和画谱》收录了北宋徽宗年间宫廷收藏的由 231 位画家绘制而成的历代画作共 6396 件，分为道释、人物、宫室、番族、龙鱼、山水、畜兽、花鸟、墨竹、蔬果十个门类。其中龙鱼、畜兽、花鸟、墨竹、蔬果五类画作与博物学密切相关，占总数的 53%，这类画家占画家总数的 43%，足以见得动植物等博物题材在绘画中占据举足轻重的地位。（张钫，2017）正如何丙郁先生所言，文人的诗词绘画也是中国科技史研究中尚待发掘的宝藏（何丙郁、何丙彪，1983），看中国的博物科学，不能局限于以现代分科的视角所看到的归类为"科学"的著作。

所以，博物学在哪里？在中国古代，博物学在所有地方，在文人的诗词、绘

画与实践活动之中，在他们的审美之中。在今日中国，我们恰恰要警惕西方博物学的那种帝国传统、殖民传统，不要使博物学成为搜集、采集他人本土物种，不尊重本土知识，为商业利益而开发和掠夺本土资源的活动，不要使博物学成为资本手中不花费一分钱的工具。我们恰恰要使博物学恢复为与中华文明古老传统中的博物学相互关联的新博物学，从朋友的视角看待其他生命（动物、植物），与其他物种友好相处，以大美之眼、博物之心，融览万物。

参考文献

何丙郁，何丙彪. 中国科技史概论. 香港：中华书局，1983.

刘华杰. 博物学论纲. 广西民族大学学报（哲社版），2011, 6: 2–11.

吴彤编. 自然与文化——中国的诗、画与炼丹. 北京：清华大学出版社，2010.

《宣和画谱》，岳仁译注，长沙：湖南美术出版社，1999.

张钫. 画者的博物学：基于《宣和画谱》的考察. 美术与设计，2017, 4: 9–13.

Rouse, J. *Knowledge and Power*. Ithaca and London: Cornell University Press, 1987.

关于博物学的"在地化"

蒋虹

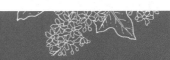

　　我喜欢博物，有意识地做自然观察和记录已有十几年，零星接触则更早，但我不怎么在意博物学的概念、定义、内涵、外延之类。有人把我称作"民间博物学家"，我基本认同，"民间"者，草根也，无学术背景，不常引经据典，大抵属于野草般自生自灭型。"家"则未必，与其称为博物学家，不如称为博物学爱好者更为贴切。

　　世上每一个儿童都有与生俱来的好奇心，我以为这种好奇心便是博物学的起源或基础。在当今工业流水线式的教育体制下，这种好奇心往往被繁重的课业和标准答案所扼杀，而我呢，侥幸把这份好奇心保留到了今天。青少年时代，从《诗经》《红楼梦》到鲁迅家的百草园，文学世界里丰富的植物吸引着我；一度

随同驴友爬过几年山，跋山涉水中一路遇到的鸟歌蝶舞也使我着迷；赵忠祥解说的《动物世界》，使我明白了威风凛凛的百兽之王要养活她的儿女也十分艰难，大自然的种种奥秘人类还知之甚少。然而早期记录手段的匮乏和查阅文献之不易，使得这种好奇心处于潜伏状态，未能发芽，到了数码相机和互联网普及的信息时代，我的自然观察和记录才终于具备了现实可能性。这种有意识的自然观察和记录始于 2006 年。

　　我的自然观察和记录是十分"在地化"的。了解植物，我不追求天南海北的草木都认识，还是以观察和记录浙江植物为主；观鸟，我也不追求认识500种还是 1000 种鸟儿，至今不曾为观鸟而专程去远方，基本上还是观察和记录

药百合

本地鸟儿；昆虫、两栖类和爬行动物也是我感兴趣的，但同样以本地物种为主。当然，有时去外地，我也会留意观察，不放过难得的机会。比如2013年出差去美国，我利用早餐前后的零星时段和等待车辆加油之类的点滴间歇，在住地附近和旅途中拍摄记录了43种野生鸟类，其中36种中国不产。不仅是动植物，其实我对天文、气象和地质、地理也有浓厚兴趣，只是一来精力不足，二来身边没有高人指点，所以这方面的观察和记录没有发展起来。

从2006年到今天，十二年来，我累计记录了有名有姓的植物4100种以上，野生鸟类近300种，蝴蝶309种，蛙类及有尾目约50种，蛇目和蜥蜴目近50种，还有蜻蜓、蛾类、甲虫等好几百种昆虫。不仅仅是拍摄记录，也不仅仅满足于知道它们叫什么，更多的精力用于查证它们的名称、形态特征、行为习性、分布区域、它们之间的相互关系以及和环境与人类的关系。这些考察成果经整理后陆续发在我的新浪博客上，作为文档留存，兼供同好分享。这个博客，我从2008年开始（那时"博客热"已开始退潮），十年来每天都写，至今仍然天天更新，以后还会继续坚持下去。此外，这些资料有时也供专业部门使用，例如清凉峰国家级自然保护区编写的《清凉峰植物》一书，我是第一供图作者。《天目山植物志》等专业著作也采用了我的植物照片。以后我还会考虑将观察和记录的某些资料进一步整理和出版。

我主张"在地化",立足本地,兼顾其他,而不主张搜奇猎怪,首先是受条件所限。本地物种方便观察,有更多机会做细致记录。比如看植物,你可以春夏秋冬追踪观察,记录它的四季状态。观察鸟儿,你也可以在不同季节的不同场景下做类似记录。例如2017年11月,我在一棵油杉树下见到一群黄腹山雀正在收集油杉种子,把种子藏到石头缝里或树皮缝隙里。尽管我曾经见过这种鸟儿无数次,十分熟悉,但这次的偶遇使我了解到它储藏冬粮的习性,这是我以前所不知道的。这种反复观察和记录的机会,对外地物种来说几乎不太可能,因为你通常只能在某个时间点看到与其相关的瞬间片断,很难进行全过程或反复多样的细致观察。而且,频繁旅行者终究为数不多,对大多数人来说,旅行是偶尔才有的机会,柴米油盐的本地生活才是常态,所以从观察和记录本地物种着手是最为可行的。

我主张"在地化"另一个理由主要是出于情感方面的。作为一个中国人,我当然爱中国。每个人对自己生于斯长于斯的家乡,一定有着深厚的眷恋之情,无论走到哪儿,都不会忘记故乡情。这种对祖国、对故乡的爱,不是空洞的,这种情感会体现在很细微的地方。如果你说爱故乡,却对童年时家门口给你遮风挡雨的那棵树都叫不上来,我很难相信你的这种爱是真实可信的。同样,非洲大草原上一头大象被非法猎杀,我闻讯会难过;但我见到公路上遭车辆碾压而血肉模糊的一条竹叶青,我更感到切肤之痛,因为这是在我的祖国,不在异域,这条蛇是我家园的一分子,如同我的家人。

黄腹山雀储存冬粮

遭车轮碾压的竹叶青

如今我主张博物学"在地化"还有第三个方面的考虑，那就是行动的需要。博物学不是为博物而博物，而理应为促进环境保护做出贡献。这十几年来，我看到太多的大气污染、海洋污染、土壤污染，看到吃野味和玩宠物之风盛行导致非法盗猎猞猁、官员大笔一挥让自然保护区变成滑雪场、一个又一个物种加速奔向由常见到濒危再到灭绝的不归之路，看到官员的任性、公众的麻木……地球经得起折腾，可人类是在自掘坟墓。我尝试把博物学和环境教育结合起来，在公益讲解中向公众解说一株不起眼的小草进行光合作用时释放的氧气为我们人类的生存做出看不见的贡献；我带孩子们进行夜间观察，解说蛙蛙们对森林保护和农田保护所起的重要作用，以及它们和安全农产品之间的内在联系，有孩子和家长当场就说，以前不知道这些，原来蛙蛙都是我们的好朋友，以后再也不买、不吃野生蛙类了。"唯有了解，才会关注；唯有关注，才会行动；唯有行动，生命才有希望。"珍尼·古道尔用一生

之经验总结的这句话，千真万确。博物只是为了了解自然，引导公众认识身边的自然，进而关注自然，重建人与自然的和谐关系，努力带动更多的人守护我们共同的家园。"在地化"的博物学作为行动的起点，是可以有所作为的。

曾经有同事去澳大利亚旅游，回来后我问她看到些什么，她很认真地说："没什么啊，无非赶路、拍照，都差不多。"呵呵，世界上没有两片完全相同的树叶，去了那么远的地方，怎么可能都差不多？我每次哪怕去一条无名山沟，都会有新的发现、新的快乐，这就是博物的魅力。大千世界，奥秘无穷；生命之美，精妙无限。人类所知不过沧海一粟，个人学识更是微不足道。在博物中可探索自然之奥秘，体察生命之美好；博物带给我快乐，使我充实，使我提高。我愿意把这种快乐分享给更多的同道。让我们尊重生命，敬畏自然，共同领略和守护这份美好。

2018.01.27

纵横

博物学研究在中国：
史学视野的多样性与融会贯通

姜虹

摘要：博物学研究在中国已经成为显学，受到越来越多学科的关注。由于内涵和外延的巨大差异，中国语境下的博物学／博物与西方学术传统中的"natural history"难以严格对译。"博物学编史纲领"的提出引发争议和讨论，但其文化史和社会史的核心理念在学术上具有重要的理论意义。西方博物学史的研究已初见端倪，让国人可以大致了解西方博物学发展的宏观历程。中国传统博物学研究缺少统一范式，散落在多个学科领域中。在艺术史视域下，岭南画派、花鸟画谱、宋代绘画、清宫图谱等都体现出传统博物学与绘画的交会，相关研究也充分展现出多领域、跨学科的交叉性。中国史、本草学史、帝国主义、女性主义、人类学、环境伦理学等领域也都有不少研究涉及博物学，体现了博物学研究的多重可能性。但同时也需要看到各领域之间存在隔阂，亟须融会贯通。

引言：博物学研究成为显学

范发迪在《清代在华的英国博物学家：科学、帝国与文化遭遇》中文版序言中断言："学者认识到，博物学，尤其是植物学，堪称17至19世纪时的'大科学'（big science），这吸引了从科学界、政府机构、海贸公司到殖民地官员的广泛兴趣与支持。最近几年，博物学史俨然成为科学史里的显学。相对而言，'博物学'在中国科学史中，仍受冷落。"他也真切地希望"更多青年学者投入到中国的或西方的博物学史的研究中"。

（范发迪，2011：4）

事实上，在范发迪这本书的中文版出版后，这几年博物学主题的学术专著、译著和大众读物层出不穷，商务印书馆、上海交通大学出版社、北京大学出版社等都有系列出版物。（蒋昕宇，2016）博物学史在中国学界也越来越受到重视，学术论文的产出数量有明显提升，以此为主题的博士、硕士论文每年不断涌现。刘华杰教授及其学生近年来一直致力于博物学史的研究，尤其在国家社科基金重大项目的支持下，聚焦西方博物学史，以约翰·雷（John Ray，1627—1705）、林奈（Carl Linnaeus，1707—1778）、班克斯（Joseph Banks，1743—1820）、缪尔（John Muir，1838—1914）、华莱士（Alfred Wallace，1823—1913）、格雷（Asa Gray，1810—1888）、谭卫道（Jean Pierre Armand David，1826—1900）、奥杜邦（John Audubon，1785—1851）、女性博物学家、清宫博物画等人物和主题作为学位论文课题进行深入研究，并发表众多相关学术论文。

其他高校和科研院所也有不少以博物学为主题的学位论文，如艺术史领域对宋画与博物学的关注以及对博物画的研究（详见下文"艺术史"部分）、浙江大学秦艳燕的《西学东渐背景下的中国传统博物学》（2009）、陕西师范大学刘立佳的《中古博物著作与博物观念

研究》（2014）、内蒙古大学徐昂的《〈尔雅〉的博物思想解读》（2010）、北京大学王钊对康乾时期清宫博物绘画及中国古代博物画的研究（2018）等。总的来说，科学史、科学哲学、中国史、医学史（尤其是本草学史）、艺术史、中西方交流史等诸多学科领域都有对博物学的研究。尤其是对中国传统博物学的研究，因其不同于西方博物学的特质，学者从单纯的文献整理和同质化的文本、文学研究走向了多角度的立体研究。

不可否认，近十多年博物或博物学在中国社会被重新发现、蓬勃发展，也越来越得到学界认可，近年来的相关基金项目（见表一）就是一个例证，但整体来讲，对博物学的研究还远远赶不上当前博物学复兴的势态。各个领域里对博物学的研究彼此隔离、缺少对话沟通，此前零散的研究也疏于整理。本文旨在梳理近年来国内学者对博物学的研究，勾勒出多重视野下的博物学研究图景。

一、中西方博物学传统殊异：术语与内涵

"博物学是指与数理科学、还原论科学相对立的对大自然事物的分类、宏观描述，以及对系统内在关联的研究，包括思想观念也包括实用技术。地质

表一　近年来与博物学相关的基金项目举例 [1]

项目	名称	主持人	单位	立项时间
国家社科基金重大项目	西方博物学文化与公众生态意识关系研究	刘华杰	北京大学	2013 年
国家社科基金项目	达尔文革命中的"非达尔文"进化思想研究	刘利	北方工业大学	2015 年
教育部人文社科项目	古典博物学时期的自然经济思想	徐保军	北京林业大学	2016 年
上海市"曙光计划"	宋元古画中的博物学文化研究	施錡	上海戏剧学院	2016 年
国家社科基金项目	中西本草学比较研究	杨莎	西北大学	2017 年
国家社科基金项目	晚清来华传教士的博物学研究（1860—1912）	朱昱海	浙江工业大学	2017 年
教育部人文社科项目	班克斯帝国博物学的空间逻辑与实践特性	李猛	厦门大学	2017 年
教育部人文社科项目	艺术史视野中的中国古代博物学图像研究	许玮	南京师范大学	2017 年

学、矿物学、植物学、昆虫学来源于博物学，最近较为时尚的生态学也是从博物学中产生的。"（刘华杰，2011）这里的博物学指的是西方的 natural history，而中国古代是否有博物学传统，如同中国古代有没有科学一样充满争议。但在学者关于"有"与"没有"的争论背后，更重要的是人们普遍认可了中西博物学知识传统的差异性。如周远方总结了中西方博物学传统的几点差异：西方是建立在观察实验的现实基础上，范畴明确，形式规范，注重严谨的分类体系，中国除了自然物还有人造物和人文的传说故事；中国是对正统知识和学问的补充，

为社会生活服务，西方是为了研究和了解自然；中国成书主要采用文献法和实地考察结合，西方基于观察实验；因此，中西方博物学在哲学思想和学术体系建构上有着显著差异，属于不同的学术范

---

[1] 本表中部分信息由徐保军提供。值得一提的还有复旦大学余欣教授获得的项目支持，如 985 国家哲学社会科学创新基地复旦大学文史研究院项目"博物学文献所见中古时代之世界图像"、日本学术振兴会项目"日本所藏博物学汉籍研究"、全国优秀博士论文获得者专项资金项目"中古时代东亚博物学研究：以海外所藏稀见写本为中心"、上海市浦江人才计划项目"唐宋时期敦煌博物学研究"等。

式，有着一定的不可通约性。（周远方，2017）这种比较和二分法尽管有些片面，如西方博物学在文艺复兴之前重文本轻实践，与中国的文本传统有相似之处，中西方博物学都与传统医药、本草学有很深的渊源，等等，但这样的比较也大致代表了中西方博物学传统的一些差异。

中文里的"博物""博物学"与英语的"natural history"之间的联系和区分是一个极富争议的话题。就"natural history"的翻译问题，胡翌霖坚持认为应该一律译为"自然史"，它与哲学传统相对，以具体的、地方性的、记述性的方式展开，本质上依然是史学，"用史学方法研究自然"。（胡翌霖，2012）胡翌霖规避了在"natural history"产生时"history"并没有历史之意的问题，而将其作为一种研究方法，与"史"牵强地对应起来。事实上，希腊人在创造"historia"时，这个词并没有时间的意义，"是对个别事物、个别事实进行记录、描述的'志'"，而且"natural history是最顽强地保留了history的古义的词组"，更关乎"时空"联合体中的"空间"而非"时间"（虽然离不开对时间演化的研究）。（吴国盛，2016a；刘华杰，2015：10–11）这样一来"自然史"的译法缺陷就很明显了。吴国盛认为，在清末民初时"博物"有时为natural science之意，有时为更狭义的natural history之

意，因此他主张保留"博物学"这个译名，以接续近代科学文化的这段历史。但同时他也强调，翻译成"博物学"看不到原文中的natural，也看不到history，没有体现与natural philosophy的相对性；而且容易让人联想到中国的博物观念，抹杀中西文化差异。吴国盛的结论是，对于大众文化，natural history翻译成博物学是合适的，但对于学术研究则应翻译成"自然志"，体现与自然哲学相对的认识方式和知识类型，即着眼于对个别事物的具体描述，不追究事物背后的原因。（吴国盛，2016a）蒋澈也认为"自然志"可以更准确地传达natural history的意思，因为natural history / historia naturalis的研究对象是中国古代不存在的"自然"，其产物是志书。为了保持指称统一，他也主张用"自然志家"代替"博物学家"的叫法。（蒋澈，2017：1）但总的来说，"博物学"和"博物学家"的译法远比其他译法更普遍，接受度更高。当然，不同译法也和约定俗成的习惯有关，如台湾，更多的用"自然史"，而非"博物学"。

除了博物、博物学（家）、自然志等常用概念，也有学者提出了一些新概念。彭兆荣把博物学与博物馆放在一起讨论，并针对西方博物馆模式，提出了中国的"博物体"概念，在博物体中，人、物、身体、环境、地方知识与民间信仰等

完整地结合在一起。他认为中国的博物、博物志、博物学原为正统经学的"异类补遗",大抵属于"乡土知识"和"民间智慧"的范畴,与西方博物学在价值体制、知识分类和呈现形式上大不相同。(彭兆荣,2009;2014)刘啸霆(即刘孝廷)等提出了"博物论",以博物学为基础和对象,把博物学的思想方法提升为原则或纲领性的哲学理论。(刘啸霆、史波,2014)

在中西方博物学的内涵上,更多的学术争论源于对中国传统博物学的理解。学界普遍承认中国传统博物学里的人文要素,中国传统博物学所关注的"物"既包括自然之物,也包括人造物和其他人文知识。"博物"的目的是"为人",有着显著的实用性和人文性,与西方意义上的博物学只关心自然知识相比,多了人文社会的知识。(周远方,2011)中国古代探究自然,出发点从来都是人与自然的关系,人在其中,把自然视为生活世界的一部分,而不是像西方那样把自然数学化、把自然装进实验室进行研究。(吴彤,2017)余欣把博物之学作为中国学术本源之一(另一个是方术),他摒弃了西方意义上的博物学,认为"博物学是指关于物象(外部事物)以及人与物的关系的整体认知、研究范式与心智体验的集合"。也就是说,中国的博物学并非科学的简陋形态,而是自成体系的知识传统,是饱含信仰

和情感的理解世界的基本方式,其关切点并不在"物",不是"物学",而是"人学",是关于"人与物"关系的理解,因此他反对以今例古、把博物学纳入科学史框架中去的做法。(余欣,2013:1-5;2015:10-13)笔者认为在强调博物文化的"人学"时,不应该完全抛弃"物"这个关切点和多面向的载体,只有弄清其中的"物学",才可能更加清晰和透彻地理解"人学"。在这个过程中可以借助科学手段,如动植物考据学和分类学,结合中国传统人文知识,搭建历史传统与现代科学的桥梁,兼顾"物学"和"人学"以及"人与自然"的关系。拙文《女子益智游戏"斗草"中的植物名称与博物学文化》借鉴了植物考据学的研究成果,并邀请了植物分类学家协助鉴定和分类,抛砖引玉,做了一个小小的尝试(姜虹,2017)。

二、科学史与科学哲学中的编史学讨论与博物学史研究

1. 科学史与科学哲学:"博物学编史纲领"的认同与争议

在科学史领域,"博物学编史纲领"是博物学视角的根本表达,刘华杰提出这个纲领并指出了它的三个特征:把科技史或知识史看作人类社会文化的一部

分，尽可能提防辉格史观，博物学史在这种历史叙事中应该占有重要地位；突出博物理念和情怀，体现历史书写中的价值关怀；重视人类学视角，关注民间知识。（刘华杰，2011）刘华杰也承认此纲领存在争议，但博物学编史纲领从一开始就着眼于天人系统或人地系统的可持续性共生（刘华杰，2014：4），这样的价值取向及坦然承认价值观的态度无疑是可贵的。更进一步，刘华杰将博物学编史纲领从科学史领域扩展到更为宽泛的"博物学文化"主题，有意将不同领域的学者及更大众的人群吸纳进来；从《好的归博物学》、《广西师范大学学报（哲学社会科学版）》的"回归博物学"专题、《博物人生》等著作到2014年《博物学文化与编史》中对博物学编史纲领的论述，可以看出这种变化。从2015年开始举办的"博物学文化论坛"也是显而易见的例子：论坛不仅对学界开放，也欢迎民间爱好者和出版社等群体参与。然而，在科学史和科学哲学领域，博物学编史纲领引起了较多的争议和讨论。

在江晓原、刘兵、刘华杰最初关于"博物学编史纲领"的讨论中，刘兵就提出，这种编史纲领主要呈现为"科学史研究中被忽略的博物学的内容"，尽管也有拓展到其他科学史研究领域的可

能性。（崔妮蒂，2011）刘华杰本人也承认，这种编史纲领的直接目的是在科技史编写中"更重视博物学传统所占的比重"，即便写出来不被当成科技史也没关系，关键是把博物学传统当成文化史、人类知识史的一部分。（刘华杰，2010）但问题在于，博物学编史纲领提出来之后，还没有真正推广到博物学以外的其他科学史研究中去，[1] 而博物学史本身的研究到目前为止也主要集中于西方颇有建树的大博物学家，还没有关注到更广泛意义上的博物学家或博物学爱好者（虽然这是未来的方向）。如此一来，"博物学编史纲领"的指称容易被

---

[1] 熊姣在研究博物学家约翰·雷时指出，此编史纲领对于社会文化语境的强调，与"语境主义"殊途同归，语境越丰富，勾勒出的历史就越生动、立体，如果用这种方法去写牛顿，其形象更接近于博物学家。（熊姣，2015：270）田松也曾言，如果用人类学的方法去写物理学史，应该和博物学编史纲领写出来的差不多（田松，2011a），人类学的方法也确实被科学史家和科学哲学家们所使用。如拉图尔（B. Latour）和伍尔加（S. Woolgar）的《实验室生活：科学事实的建构过程》（*Laboratory Life: The Social Construction of Scientific Facts*）被认为是运用人类学方法的代表作，再如特拉维克（S. Traweek）的《物理与人理：对高能物理学家社区的人类学考察》（*Beatimes and Lifetimes: The World of High Energy Physicists*）是用人类学方法研究物理学家的典型代表。

误解为以博物学史为主要内容的科学史研究，而不是一种很有说服力的研究视角。这种误解与"女性主义科学史"有些类似，尽管它强调的是社会性别视角的应用，但因为研究者多为女性，研究对象也基本以女性为主，有时会被误认为是"女性学者以女性为研究对象"的科学史。笔者认为博物学编史纲领强调的生态价值、地方性知识、人文关怀、回归文化等理念具有重要的理论意义和实践价值，因为不管是落脚到生态保护的现实问题，还是从科学实践哲学的角度强调"一切科学知识的本性都是地方性的"（吴彤，2011），抑或像科学知识社会学（SSK）强纲领代表人物巴恩斯那样把科学看成一种文化现象（刘珺珺，2009:186—187），这些理念都能找到科学史和科学哲学上的学理支撑。这样一来，此纲领内核的最大意义更多地体现在价值观层面和方法论层面，是否需要将包含这些理念的史学视角冠以"博物学编史纲领"这样一个指称则值得商榷。

熊姣的《约翰·雷的博物学思想》一书通过对约翰·雷的深入研究，全面阐释了"博物学编史纲领"的特点：采用人类学和社会学的研究方法，与语境主义也有共通之处，用更开放的视角和看似零散的丰富细节去重现历史；强调

博物学史近似于文化史和社会史，同时也是观念史（熊姣，2015:5—7，270）。从把博物学和数理科学并列为两大科学传统，到提出四大科学传统——博物、数理、控制实验和数值模拟（刘华杰，2014:1），刘华杰始终强调博物学传统的重要地位。在最新的论文中，他提出"博物学是平行于自然科学的一种古老传统"，"平行论"虽然并未否定博物学和科学的交叉，但有意地淡化了博物学的认知方面，再次明确地强调文化史、生活史，与传统的科学史写法确有不同。（刘华杰，2017）同时，必须看到的是，这种编史纲领从一开始就强调文化的重要性，即便博物学史自身的研究也并非只关心"善而有成"[1]的对象，这种观念与女性主义、后殖民主义等非传统科学史编史纲领也是一致的。尤其对于中国传统博物学来说，回归本土文化的重要性更是不言而喻的。关注自然知识的本土性质，呼唤基于文化的诉求，反思宣扬近代科学普遍性的编史纲领，避免以近代科学为标尺筛选、组织和分析材料，对于中国科学史来说尤为重要，也

---

[1] 江晓原在《博物学编史纲领》中引用了科学史前辈李志超教授的"科学史都是处理善而有成之事的"，批判科学主义纲领下科学史研究的普遍做法。

成为学界的一大共识。胡司德的《古代中国的动物与灵异》正是基于这样的编史纲领，把动物放在"文化史"视野里进行探讨。（胡司德，2016）

吴国盛在关于如何写科学史的讨论中，也把博物学作为重要的研究视角。他从存在论的角度把科学定义为"指导人与外部事物打交道的理论知识，通常首先是指导人与自然界打交道的理论知识"，并把科学划分为博物学、希腊的理性知识和近代数理实验科学。（吴国盛，2007）他把博物学当作中国传统的科学，认为在博物学意义上中国古代不仅有科学而且很发达，但他也强调，"古代中国并没有与近代西方的'natural history'完全对应的、现成的博物学学科。"（吴国盛，2016b）西方意义上的博物学只在清末民初强国强种语境下短暂存在过，很快就被矿物学、植物学、动物学等学科所取代（朱慈恩，2016）。因此，"谈论中国古代的'博物学'，必定是根据西方的博物学概念对中国古代相关学术进行重建的结果"，"用'博物学'这张网，可以打捞出更多的东西，而且原汁原味、接近原生态。"（吴国盛，2016b）由此看来，这样的科学编史学进路，依然是用西方的思维模式来探讨中国传统的博物学，就这点来说与李约瑟的方法并无实质性差异，只是囊括了

更多中国古代的知识。而且这种方式必然有割裂人与自然的危险，因为在中国古代人文与自然本就没区分过，现代人凭什么用西方博物学的范式把自然知识区分出来？区分后的知识也很难是"原汁原味"的，为何不"就中国传统本身讨论中国古代的博物知识呢？"（吴彤，2017）但必须看到的是，相较科学史中数理科学的强势地位，博物学研究还远远不够，这样的尝试至少可以恢复博物学传统的博大和丰富性，平衡和纠偏数理科学和博物学的不平等地位（吴国盛，2017），"博物学编史纲领"也具有同样的意义。必须承认的是，无论是"博物学编史纲领"还是"用博物学这张网打捞中国古代学术"，尽管看起来并不完美，但在博物学研究的学术史上无疑都具有先锋意义，而且有美好的学术愿景，对博物学研究范式的探索极具启发意义。

2. 西方博物学史的中国式考察

国内学界对西方博物学史的研究已经初见端倪，让国人大致了解了西方博物学发展的宏观历程，不管是对博物学史还是对科学史而言都具有重要意义。本节将以具有代表性的北大哲学系为主，简述这方面的研究成果。

熊姣对博物学编史纲领的应用具有

代表性，她从博物学的视角研究约翰·雷的博物学、自然神学、宗教道德和语言学等，展现了一个丰富、立体的约翰·雷形象。约翰·雷作为伟大的博物学家毫无争议，熊姣对他的植物学、动物学、分类学和物种问题以及地球博物学等进行了全面研究，深入探索了"现代博物学之父"在博物学领域的不菲成就。她的研究更为独特之处在于，把约翰·雷的语言学和宗教思想等看似与博物学无关的研究囊括进来。熊姣指出，博物学的口头传统和文本传统都与语言密切相关，并以约翰·雷的语言学著作，尤其是谚语，以及古老的埃克塞特书中的谜语作为强有力的证据，展现语言学中丰富的博物学知识及语言学和博物学的相互影响（熊姣，2011a；2011b；2014）。熊姣对约翰·雷的自然神学的解读也为国内学界较为陌生的自然神学研究提供了参考。约翰·雷将神学变成简单的道德理性实践，即博物学，打破了信仰世界和生活世界的界限，由此为自然神学和博物学建立了紧密联系。（熊姣，2013；2015：266）在研究的同时，熊姣翻译了《自然神学十二讲》《造物中展现的神的智慧》等著作，为博物学、自然神学提供了有价值的参考。除了熊姣，台湾的郑宇晴对约翰·雷的博物学做了专门研究，主要集中在约翰·雷的鸟类学研究，通过考察其著作《鸟类志》，探讨了约翰·雷所处时代的博物学范式的转变：从文艺复兴后期的象征世界观转变为 17 世纪后期的经验主义，从汇集和传抄转变为注重观察和"事实"收集，并形成"真正的知识"，约翰·雷的鸟类学知识建立的过程就是这种转变最好的例证。（郑宇晴，2015：26，40）

徐保军多年来一直关注植物分类学之父林奈的研究，其博士论文《建构自然秩序：林奈的博物学》（2012）对林奈进行了全面研究，填补了林奈研究在国内的空白。林奈在博物学上最重要的两个贡献是确立了性分类体系和双名法，生物学界往往只了解后者，对前者甚少了解。更鲜为人知的是，林奈的博物学范式与 18 世纪欧洲的殖民扩张、经济战略密切相关，他把自然当成一个经济体系，提倡立足欧洲，通过引种驯化等发掘全球自然潜力。（徐保军，2015a）林奈范式的巨大影响力除了源于自身的简洁实用和标准化等优势，更仰仗于他的使徒和通信者的积极推动。（徐保军，2015b）徐保军翻译的《林奈传：才华横溢的博物学家》（The Compleat Naturalist: A Life of Linnaues）已于 2017年出版，是林奈所有传记中最为全面、客观和具有学术价值的著作，也是国内引进的首部林奈传记，塑造了林奈作为普通人和秩序建构者的双重形象，勾勒了特殊历史时期林奈范式的确立过程和博物学的特殊使命。林奈作为18世纪分类学的集大成者，他的影响力远不止于欧洲的学术圈，北美、日本和欧洲各国的殖民地的博物学都深受其影响，大众博物学的繁荣在很大程度上也要归因于他的方法。林奈体系传到北美后很快成为学界范式（杨莎，2016c：26–39），并掀起了北美19世纪早期大众博物学的潮流（杨莎，2016c：48–53）。

刘星和杨莎对美国博物学史进行了研究。刘星的博士论文主要关注美国的鸟类学史，通过阐释奥杜邦的多重形象——艺术家、作家、探险家、狩猎者和社会活动者——考察了19世纪博物学文化的多元性。奥杜邦的生平展现了从博物学爱好者转变为职业博物学家的典型经历，鸟类学的发展也充分表现了公众在博物学中扮演的角色，公众通过观察记录、绘画、标本收藏等直接参与到鸟类学研究中，体现出浓郁的"公民科学"特色。这种研究即便在大科学时代也依然具有重要的借鉴意义，为博物学在当下的复兴和发展提供了历史依据和合法性。（刘星，2016）刘星翻译的《发现鸟类：鸟类学的诞生》综合博物学的经验、理论、社会和文化等多种维度，撰写了鸟类学的发展史，对博物学史以

及其他与博物学紧密相关的科学发展史的研究具有重要参考价值（法伯，2015：4）。杨莎在研究北美植物分类体系时从更广阔的人类认知自然的视角出发，引入了现象学里"生活世界"和"科学世界"的概念，解读人为分类体系和自然分类体系在北美的命运，展示了科学植物学与大众植物学的不同取向，论证了博物学可以成为科学以外的认知自然的方式（杨莎，2016c：11–13，107–133）。杨莎还对美国植物学之父阿萨·格雷进行了深入研究，格雷在进化论、分类学和自然神学的平衡中糅合出来的"有神进化论"反映了那个时代北美对进化论的一种态度，格雷本人也成为在自然神学与科学之间摇摆的典型案例（杨莎，2016b）。另外，杨莎从科学传播的角度出发，关注科学在科学界内部以及科学界与公众之间的传播，而不同分类体系在北美的传播为这两种传播方式提供了良好的例证（杨莎，2016a；2016c：13–14）。

与国内大部分学者关注18世纪之后的博物学不同，蒋澈的研究重心是近代早期的博物学，尤其侧重近代早期博物学史的编史学和思想史。他综述了西方学者在处理近代早期博物学与科学革命的关系时的编史学倾向，认为福柯的观点——近代早期（主要是文艺复兴时期）博物学和生物学之间存在范式上的

革命，而且与数理科学有着共同的基础——具有革命性影响，20世纪80年代以来的学者大多在不同程度上接受了福柯的论题，而福柯之前的传统科学史家大多倾向于认为博物学与科学革命的关系是外在的或无关的（蒋澈，2016）。蒋澈在博士论文中申明了对断裂论——西方博物学在近代经历了以分类学兴起为标志的根本性转折——的认同，从内史进路回答近代分类学诞生的问题，尤为强调概念和术语演变中所展示的思想史，集中体现在从 *methodus*（方法）到 *systema*（系统）的概念史研究（蒋澈，2017：14—21）。他的研究涉及约翰·雷和林奈的研究，与熊姣和徐保军的研究的不同之处也正在于对概念和术语演变的强调（蒋澈，2017：13）。

朱昱海考察了布丰从数学转向博物学的过程及其背后社会、个人风格的变化等原因，认为布丰的博物学研究目的是为自然建立一座物理真理的大厦（朱昱海，2015）。李猛对班克斯及其所领导的皇家学会的帝国博物学进行了研究（详见下文）。周奇伟对美国博物学家约翰·缪尔的博物学和环境思想做了研究，指出了缪尔的环境思想的特点（保护维持论、整体论、自然神学和泛神论交织等），以及他的博物学的特点（注重亲身体验、直觉自然、整体全面观察、

文学化和神学性等）（周奇伟，2011）。苏贤贵在关注科学与宗教、环境思想史时，对缪尔、梭罗、利奥波德等人的博物学也有涉足。台湾的曾华璧在研究怀特的博物学时，虽然依旧从环境史出发，但对怀特的鸟类学实践和以自己家乡为主的"地方性"叙事做了细致的讨论，从中可以看出，怀特身上体现了注重观察实践和地方性知识的博物学传统（曾华璧，2011）。同时需要看到的是，尽管环境史、文学研究、生态思想等领域的学者对以上这些自然文学家、博物学家的名字耳熟能详，也做了不少工作，但从博物学的角度去研究的却不多。

三、多重视野下的史学研究

1. 艺术史

这里所说的艺术史着重探讨中国传统绘画与博物学的交织，以分类为目的的近现代动植物科学画（大众更喜欢称为博物画、博物图画等）不在讨论之列。原因在于，西方科学范式下的动植物科学画在中国始于20世纪初期，随西方动植物学的引进而兴起，主要用于各种动植物志，这类画家也基本供职于科研院所。追溯这类绘画的历史虽然必然涉及中国传统花鸟画和本草绘画，但基本

上属于科学史研究范畴，尤其侧重以西方科学为标准去考量绘画的价值。当然，艺术史也开始注意到这类画的价值所在，如山东大学高雪以"博物画的科学、艺术特征及其当代价值研究"为硕士论文题目做出了尝试（高雪，2017）。以下将从中国传统花鸟画作品和画谱、岭南画派、清宫图谱等方面探讨艺术史家们的研究。

艺术史领域对博物学的关注更早来自研究岭南画派的学者，岭南画派的写实之风与西方博物学对其作品的影响是艺术史家研究的重要内容。亲自观察动植物，参考科学书籍插图和地形测绘图等都是早期岭南画家极为重要的图式源泉（孔令伟，2006），其中的代表画家为高剑父和蔡哲夫（蔡守）。高剑父深受日本写实风格以及西方博物学和博物画的影响，在观念上试图"通过图像涉指的方向，在一个确切的知识框架中感知世界"，"保持怀疑、求真的精神"，这样的价值观让博物学，包括博物画，作为科学的再现图式，也作为认识论，渗透到美术中。在实践上，"观察自然"成为博物学、博物画和他写实主义理想的共同前提，他甚至自己养昆虫以便观察，也在训导学生时强调观察的重要性，绘画的博物写实和知识传播功能与传统的艺术精神在他身上统一起来。（李伟铭，2010）1907年6月—1911年9月的《国粹学报》刊登了128幅蔡哲夫的博物画，都以中国本土动植物为主要对象。蔡哲夫本人对动植物学有浓厚的兴趣，他亲自观察一些本土动植物，也参考了不少典籍，并阅读了最新的西方自然科学著作。（程美宝，2006）蔡哲夫部分博物画临摹自伦敦出版的两本科普书《演化图》（*A Picture of Evolution*, 1906）和《皇家博物学》（*Royal Natural History*, 1893—1896），他通过博物画的方式传播了西方博物学知识，并在绘画中加入了中国元素。（程美宝，2009a）与外销画一样，蔡哲夫和高剑父的博物画成了中西方文化遭遇之处，不同之处在于其主动吸取西方博物学和博物画的长处，而不像外销画一样被动接受西方博物学家的要求。值得一提的是，在岭南画派形成之前，广东地区的居廉、居巢就已经开始大量描绘富有华南地区特色的植物、昆虫资源，他们的绘画写实生动，大大拓展了花鸟画的创作题材。二居在画法上借鉴西方水彩画技法，创造了"撞粉撞水法"，并用西方画家剥制标本和标本写生的方法去描绘动物。（陈玉莲，2017: 49）

艺术史关注博物学的另一个主题，是中国花鸟画里的古代博物学传统。传统绘画里的写实风格在近几年越来越受到重视，部分研究者为科技史学者，更多为艺术史学者，虽然视野有些差异，但观点是相通的。艺术史学者认为，中国花鸟画从五代开始就确立了写生传统，重视写真和形似，与西方花卉图、静物写生本来有共通之处，只不过中国画把形态作为手段，更追求动植物的气韵（郑艳，2008：11；薛珂，2008：127-136），而西方博物画把一般性的特征提炼浓缩，追求形态本身的完美。汉学家梅泰理曾强调儒家传统根深蒂固的"植物学的人文艺术性"，并且认为用毛笔对植物进行艺术性描绘，准确性远远超越艺术书籍中的插图（梅泰理，2010）。《中国生物学古籍题录》认为，中国传统绘画艺术中，宋代的工笔花鸟画对动植物描绘精确，明清时期有不少作为绘画教程的画谱对动植物形态的把握也相当准确，但此类古籍或为单件作品，或因疏于理论，向来不入四部收藏，至今尚无人从生物学的角度加以研究（徐增莱等，2013：388）。必须看到的是，明清画谱虽然图像程式化较严重，在动植物细节方面刻画不足，但其富有博物学特色的地方正是对动植物生理行为的准确刻画。这种特征与中国花鸟画追求气韵生动的要求密切相关，因为只有通过富有生机的动植物形态才能更好地传达传统写生绘画的要旨。比如明代高松

所编画谱《春谷嘤翔》对各种不同鸟类的姿态进行了详细的描绘记录，在很大程度上就是对鸟类生理行为的博物学记录。

对宋画的博物学研究至少有三篇学位论文值得一提。一是张东华对《梅花喜神谱》的思想史研究[1]，突破前人研究中将其作为技法画谱的藩篱，而将其当成宋人"格物致知"思想的典型反映。他认为宋代儒生从治国、平天下的目标出发，用文字和图像两种方法进行格物，前者走向科学、文学和哲学，后者走向文人绘画和博物图谱（张东华，2015：18-19）。这两个过程都充分体现了中国传统博物学的实践与思想。张东华通过论述《梅花喜神谱》的画和诗以及宋伯仁其人，并借助朱熹、王阳明的"格竹"等，探索了极具博物色彩的宋人格致思想与花鸟画复杂的交织。二是许玮在博士论文中从博物学的视角考察宋代图像，展现了宋人丰富而多元的知识结构。"与其说博物学是一种学问，不如说是一个知识范畴、一种知识兴趣，而在宋代，更是一股文化风尚。"（许玮，2011：10）许玮除了探索文人知识、本草图像里的博物学，还探讨了宋徽宗时

---

[1] 张东华的博士论文已出版，在此不再以其论文作为参考引证。

期的祥瑞图和《宣和画谱》里的博物学。许玮的"艺术史视野中的中国古代博物学图像研究"课题在 2017 年获得了教育部支持，相信她在艺术史领域的博物学探索会有更多的发现。三是胡宇齐的《宋代绘画与中国博物传统》，有意区分了中国传统"博物"与西方的 natural history，强调前者的人文性和两个特点：人的地位低于自然，内敛而非外扩的博物模式。这篇论文把宋代绘画作为中国博物理念的载体，以赵佶和郭熙作为具体案例，并参照西方博物学，探讨了中国传统博物学的特点及其对当代科学传播的意义。（胡宇齐，2015；胡宇齐、詹琰，2017）上海戏剧学院唐宋元画史学者施錡也开始关注宋元绘画中的博物学，不过从目前她发表的两篇文章（施錡，2017a；2017b）看，她虽然声称在博物学视域下解读绘画，但对博物学文化的讨论还比较欠缺。

花鸟画谱中较具代表性的是《芥子园画谱》和《小山画谱》，前者至今流传甚广；后者比起前者，除了画法技巧，最有价值的地方在于作者邹一桂对自然知识的讨论。邹一桂在《小山画谱》中提到的"四知之说"（知天、知地、知人、知物）和一百多种花卉的"各花分别"，远远超越绘画技法本身，提出了他认为文人画家应该知道的自然知识和植物常识。姜又文深入考察了"各花分别"这个部分，认为邹一桂确实参考了植物谱录类书籍，在写作中加入大量与绘画无关的植物知识，俨然中国古代植物谱录的写法，具有系统性研究生物的倾向（姜又文，2010：67）。邹一桂并非个案，张钫在研究《宣和画谱》时也发现宋代画谱与植物谱录并行发展，只不过画者与文人通常只关心日常植物，并赋予其象征意蕴，而本草学者更注重采集野外物种（张钫，2017）。邹氏对草木山川的详考，遵循考据学的理路，通过博学博证的实践对名物进行缜密的观察记录，已然属于中国自古即有的"博物"文化（姜又文，2010：55）。

清宫制作的大量动植物图谱，如《鹎鸽谱》《鸟谱》《兽谱》《海西集卉》《嘉产荐馨》《鸽谱》等，在近几年得到了学界关注，这类写实性的图谱研究也成为科学史和艺术史交叉研究的新面向。赖毓芝针对清宫《鸟谱》《兽谱》的研究就是"欲透过科学史来重新思考与建构清代艺术史图像"（赖毓芝，2013：7）。《鸟谱》和《兽谱》作为极具野心的图像制作工程，构筑了乾隆的视觉帝国——"意图在视觉上建构乾隆帝国治下所有人、禽、兽等各种'职方之产'，以提供圣王'对时育物'所需的所有知识与讯息"，因此不再是以"画家为中心的传统艺术史"能够诠释的，而需要纳入文化史、科学史、中西交流史等学科的交叉领域中综合考虑。图谱中欧洲物种的再现和受西洋写真风格的影响，表明清代宫廷对欧洲的博物学并非一无所知，而是置身全球化的世界之中；图像也成为掌握世界与建构知识的重要途径，而不是文字的附属物。（赖毓芝，2011：44-45；2013：49-51）王钊用科学的方法考证了清宫绘画《塞外花卉图》中的66种植物、图谱《嘉产荐馨》中用于祭祀的香料植物、清宫绘画中火鸡图像的来源和鹿的形象，同时从中西绘画的画法技巧、传统博物学文化、中西文化与知识交流等方面进行了探讨，也是科学史和艺术史交叉研究非常好的尝试。（王钊，2017a；2017b；2017c；2017d）

除此之外，自唐宋开始出现的大量写实花鸟画，如黄荃的《写生珍禽图》，恽寿平的《百花图卷》，陈洪绶和邹一桂等人的花鸟画、草虫画，郎世宁的清宫西洋画，广东外销画，以及众多女性画家的花鸟画，如文俶的本草插图和花鸟画、马荃的《花卉册》、艳艳女史的《草虫花蝶图》、杨妹子的《百花图》等，都与中国古代传统博物学有着千丝万缕的联系。艺术史在研究传统绘画时往往容易忽略博物学和科学的方面，对传统

博物学文化的考量必然会为艺术史研究打开一扇新的窗口。当然，在打破学术界限的同时，必须警惕"科学"标准带来的弊端，重申本土传统文化的重要性。艺术史家李伟铭在考察岭南画作时注意到了这个问题。同科学史学者的看法不同，他没有强调博物画是艺术和科学的完美结合，而是认为"博物学不是美术学，博物图画也不完全是美术品"；在艺术史研究中滥用"科学"是危险的，但博物学和博物画就好像涓滴之水，从中可以一窥近代中国美术发展变革中思想资源和语言资源的复杂因素（李伟铭，2010）。在评述博物学对岭南画派和外销画的影响时，王楠也做出了中肯的评价："同样是研究图像，艺术史视角更能深入发掘博物学对于知识体系的深层次影响，图像的多义性特质有助于探讨历史的复杂面向。"就岭南画派而言，这一传统原本就异于江南文人的花鸟画传统，其写实风格并非全受西方影响，图像的变化及其社会背景自然不是那么简单。（王楠，2015）而且，重视笔墨技法是传统中国画的主流，古人观察和描绘自然，更多是服务于所描绘对象的道德比赋和象征性，并非西方博物画的目标，博物学为研究中国绘画提供了新的视野，但不可过分强调博物学面向而忽略其他方面。

2. 更多的可能性：中国史、本草学史、帝国主义研究等

除了以上讨论的研究视野之外，博物学还和中国史、本草学史/医学史、女性主义研究、帝国主义研究、人类学、民俗学等有密切联系。

在中国史领域，越来越多的学者开始关注到中国古代博物学的面向。朱渊清在对魏晋博物学的研究中发现，名物学、地志学、农学、本草学和图学等对博物学形成极大影响，这一时期的博物学具有实用、志异和知识累积的特点，是中国知识进化史上重要的一页（朱渊清，2000a；2000b）。敦煌学家余欣近年来一直在探索中国古代（尤其是中古时期）博物学的研究进路，他的《中古异相：写本时代的学术、信仰与社会》《博望鸣沙：中古写本研究与现代中国学术史之会通》《敦煌的博物学世界》以及诸多论文都是这方面的杰出成果。在《中古异相：写本时代的学术、信仰与社会》和《敦煌的博物学世界》中，他对中国传统博物学的内涵和研究方法做了剖析，他的两个基本立场是：知识社会史将"关于'物'的知识与关于'选择'的技术视为'世界图像'的组成部分"，综合了经学史、术数史、文化史、社会史和中西交通史等多种史学视野。

（余欣，2015a：13，22）他对星占、本草、蔬菜、寺院宝物、贡品和异域方物等多类自然物和人工物进行考证研究，意识到博物学与方术的紧密联系，并"思考方术与博物学在社会史、思想史和文明史上的意义，尤其偏重于知识建构与文本形态、书写行为、使用实践之间的关系的省思"（余欣，2015a：26）。刘立佳的硕士论文从目录学角度入手，系统梳理中古时期的博物类著作，探究了博物分类和空间观念（刘立佳，2014）。温志拔通过研究宋代类书，探索宋代博物学的特点，表明南宋类书比中古时期的博物学专书及北宋以前的类书更为客观化、科学化，是儒学在"宋学"阶段所具人文及理性精神影响的结果，而中古时期主要受本土神仙方术和外来佛教影响，明清则受到西方科学的影响（温志拔，2017a；2017b）。

不管是在中国还是西方，博物学与传统医药、本草学都紧密联系在一起，因此也是医学史、本草学史关注的对象。古代大量的本草学著作、图谱、医方原本就是丰富的博物学史研究材料，其中的分类知识、药物描述、图像绘制、药用方法等都反映了博物学知识传统。本草学史、生物学史已有丰硕的研究成果，不少学者也开始跳出传统学科史的桎梏，留心其中的博物学传统。日本学

者山田庆儿曾说"本草不单是中国的药物学，同时也是以药物的视野看待人类周边所有物类的一种博物学"。（陈元朋，2010）明清医疗史学者蒋竹山在研究清代的人参时，不仅探讨了传教士以西方博物学家的方式对人参的调查描述，也探讨了这种药材背后的消费文化以及国家权力，远超出了将人参作为药物本身的考量（蒋竹山，2008；2013）。另外，在《质问本草》一书中，他将研究放在东亚（中日）博物学知识交流的历史背景下，探讨了博物学调查、医药知识、出版文化和消费文化等因素的交织互动（蒋竹山，2011）。邢鑫在对日本博物学的研究中，有相当多的笔墨用在本草学和本草学家上，他指出在东亚交流网络中《本草纲目》对日本有重要影响，"整部江户博物学都是《本草纲目》的注脚"（邢鑫，2017a：17–19）。陈元朋在研究犀牛与犀角时，突破中医药学、古生物学、古文字学和史学等领域的常见视角，在传统博物知识的背景下探讨古代中国"真实的"与"想象的"动物形象的堆叠方式，以及这种方式存续不绝的原因（陈元朋，2010）。还有学者从博物学的人文关怀出发，认为博物学情怀有助于发现医学的美学意义、社会责任，应该成为医学家职业素养的基调（王一方，2006）。

博物学与女性主义科学史至少在两方面是契合的。[1] 首先，博物学对研究对象的同情和了解，充斥着情感和关怀，与提倡纯粹理性的数理科学大不相同，这与女性主义科学史家研究女性科学家时的关切点相通。例如，伊夫林·福克斯·凯勒（Evelyn Fox Keller）为诺贝尔遗传学家麦克琳托克写的传记[2]里，尤为强调女性对研究对象倾注的情感、想象和直觉等非理性因素，这部传记也成为女性主义科学史上的经典之作。其次，两者对文化的强调是一致的，在女性主义那里科学同样被认为是一种文化现象，"由实践于其中的那种文化、政治、社会和经济的价值观所建构"（章梅芳，2008）。另外值得一提的是，女性主义科学史研究虽然一直强调边缘视角，但研究者和被研究者未必是女性，只是强调性别视角的运用等（章梅芳，2006）。基于这些共性以及女性在博物

[1] 刘华杰在对比几种编史进路时还提出了两者具有建构论、反辉格史、人与自然和谐等共性（崔妮蒂，2011）。

[2] Evelyn Fox Keller, *A Feeling for the Organism: The Life and Work of Barbara McClintock*. New York: W. H. Freeman and Company. 这本书的中译版为《情有独钟：麦克琳托克传记》（赵台安和赵振尧译，1987）。

学文化中较高的参与度和影响力，从女性主义和博物学文化的视角去探索博物学史具有必要性和可行性。张雅涵以英国 18、19 世纪两位作家兼博物学家夏洛特·史密斯（Charlotte Smith）和约翰·罗斯金（John Ruskin）的作品探讨了博物学与女性教育的紧密互动，指出博物学在那个时期是女性教育的重要部分，也是女性教育下一代和与男性沟通的重要方式（张雅涵，2014）。杨莎的研究谈到了美国大众植物学中女性的参与，她指出，得益于公共科学讲座、女子中学的教育、林奈体系的流行等，女性在 19 世纪大规模参与到植物学研究中，但同时她也指出这并不意味着女性可以在这个领域与男性平起平坐或者得到学界的认可（杨莎，2016c：53–62）。笔者对中西方女性在博物学文化中的参与做了一些研究，探索女性在科学和博物学活动中的多样化角色，考虑她们的社会文化背景，重视她们的生活世界，以期能够展现更加丰富、多元的科学文化图景和博物学图景（姜虹，2015；2017）。在博物学鼎盛时期（18、19 世纪）的欧洲，女性曾经广泛参与到动植物绘画、博物学写作和翻译、自然知识的传播、标本采集等博物学活动中；而在中国古代的种植、医药、女红、花鸟画、游艺等多种活动中，女性与自然世界紧密互动，

从实践中积累了丰富的自然知识，成为中国博物传统的一部分，但这些在学术研究中都被边缘化了。当我们以博物学文化和女性主义的边缘视角来看时，这必将是一个值得探索的领域。

博物学与帝国主义扩张的紧密联系早已得到学界的关注和重视，范发迪著作的中译本《清代在华的英国博物学家：科学、帝国与文化遭遇》备受中国学界关注。这本书在全球史的视野下，用文化遭遇的观点去检视博物学史，首次在科学史上将"非正式帝国"用以解释关于中国的问题，对博物学史乃至科学史都有开创性意义（范发迪，2012）。陈玉莲在研究里夫斯的博物画时明显受到范发迪的影响，并借用了"科学帝国主义"和"文化遭遇"两个重要概念（陈玉莲，2017）。作为范氏著作的译者，袁剑也结合自己的边疆学研究，开始涉足博物学与边疆社会、知识空间的跨学科研究[1]。边疆学研究常常将人类学、中西方文化交流和帝国主义等与博物学融合到一起，为彼此提供新的研究视野，如李如东和赵艾东对川西地区传教士和

---

[1] 在 2017 年 11 月 11 日的"第二届博物学文化论坛"上，袁剑做了主题报告"边疆考察、博物知识与民族国家"，据悉相关研究论文还在撰写中。

博物学家的研究（李如东，2017；赵艾东，2017）。关于其他在华传教士的博物学活动，还有朱昱海对法国神父谭卫道（Jean Pierre Armand David）的研究（朱昱海，2014），而戴丽娟对徐家汇博物院（后来的震旦博物馆）的研究则表明耶稣会传教士对中国自然标本的采集、分类、收藏、图谱绘制等大量博物学活动对中国早期生物学的发展起到重要影响。她指出，传教士指导土山湾青年画师绘制的作品是中国最早的植物科学绘画（戴丽娟，2013）。西方博物学家在中国提取中国的动植物知识时，虽然并不关心本土知识，但这种帝国博物学知识的建构并不能避免地方知识的影响（王楠，2015），这也是范发迪书中"文化遭遇"所强调的"文化的多元性、活动力和弹性"，而非"界限分明、互不相容"的文化冲突（范发迪，2011：4）。班克斯是将帝国战略与博物学联系起来的关键人物，范发迪书中也屡次提到他。国内最早关注班克斯的应该是中山大学的程美宝，她通过班克斯书信集中关于中国的部分，对他派遣的使者在中国的博物学活动做了简单的梳理（程美宝，2009b）。李猛借用西方学界"帝国博物学"的概念研究班克斯，围绕该主题发表了多篇学术论文，并翻译了剑桥著名科学史家帕特里夏·法拉（Patricia Fara）的《性、植物学与帝国》（*Sex, Botany and Empire: the Story of Carl Linnaeus and Joseph Banks*）。他从班克斯领导的皇家学会切入，探索了学会内部博物学的地位变化及其与数理科学的冲突、竞争（李猛，2013a；2013b），再扩展到帝国博物学的空间范式——在认知层面从地方性到普遍性，和在实作层面上从自然恩赐到国家财富——及其人类中心主义和机械自然观的理论基础（李猛，2017），最后到具体的帝国博物学活动，如马嘎尔尼使团在中国的博物学实践（李猛，2015），对帝国博物学进行了全面的探索。此前学者对马嘎尔尼使团的科学调查也表明，其调查内容主要是博物学（常修铭，2009）。

博物学与民俗学的紧密联系在于博物学知识的地方性；很大一部分知识其实就是来自民众的本土知识，民俗学学者刘宗迪在这方面做了很好的尝试。他追随钟敬文先生的学术路径，从民俗学的角度研究《山海经》，对民众知识报以同情和关怀，在中国古代博物学传统的引导下，把书中看似荒诞古怪的动物记载视为古人对"类"（相似性）的理解，揭示了"民众的物质与精神不分、医学与巫术不分的法术知识传统"（刘宗迪，2007a）。他还指出动物形态描述首先是语言学和符号学问题，在现代生物学形成之前，没有约定俗成的科学术语体系，古代看似怪异的鸟兽形象不过是古人描述动物的话语体系（刘宗迪，2007b）。古人依靠事物之间的相似性，对事物进行观察、命名、分类乃至使用，并建立起纯属语义学的联系（刘宗迪，2010：284–301）。除了《山海经》这样的文本，民俗学涉及的大量民间智慧和乡土知识也常常是在与大自然打交道的过程中形成的，如果从博物学文化的视角出发，必然能发掘出更广袤的民俗学研究。

与民俗学类似，人类学领域也关注到了博物学，如上文提到的边疆学研究，就将人类学与博物学结合起来。对少数民族的人类学研究也常涉及本土自然知识，如韦丹芳从博物学视角对西南少数民族的研究（韦丹芳，2011）。文学领域的学者也从语义学、文献学等视角对博物学有所关注，如钱慧真探讨了中国古代名物研究中名物学和博物学的区别与联系（钱慧真，2008），于翠玲对中国古代"博物"进行释义，并分析其特点，比较其与西方博物学影响下的近代博物学的差异（于翠玲，2006）。而对文学巨匠鲁迅和周作人兄弟的博物学爱好的关注（陈沐，2012；王芳，2016；涂昕，2017a；2017b），则体现了学界对文人及其文学作品解读的新面向。此外，环境伦理学、生态文明建设等方面的关注，

也常常注意到博物学的意义所在。如田松把博物学比喻成拯救人类灵魂的一条小路（田松，2011b），刘孝廷提出实践城市博物学以解决城市环境污染、生态质量下降、空间紧张等一系列问题（刘孝廷，2017），刘华杰认为博物学文化与生态文明建设有重要关联，可以发挥积极作用（刘华杰，2015；2017），等等。事实上，早期国家公园的建立、森林保护和动物保护等自然保护运动都与博物学文化紧密联系在一起，李鉴慧对19世纪英国动物保护和大众博物学文化的考察很好地证明了这一点，动物保护与博物学在基督教属性、自然神学思想、宗教与道德教化目的上有着亲近性，而且都有广泛的大众参与性，动物博物学知识在动保运动中扮演着重要的角色（李鉴慧，2010）。

四、存在的问题与学术展望

博物学是古代中国知识与信仰世界的基底性要素之一，是中国学术本源之一（余欣，2015），而西方博物学在科学史里也是非常重要的部分，越来越受到学界重视是必然的趋势。

博物学在大众文化中的复兴已经成为公认的事实，即便在自然科学领域，也不乏威尔逊（E.O.Wilson）——在分子

生物学时代自我定位为博物学家——这样的科学家（刘利，2017）。国内各领域对博物学的研究越来越多，但目前看来依然存在学界关注程度低、研究程度低、学科交叉不够等诸多问题（刘华杰，2015）。相较而言，西方博物学更多地在科学史和科学哲学的背景下研究，很大程度上是因为人们更容易认为西方博物学是"前科学"（尽管在中世纪或更早期的西方博物学中，也存在大量神话传说、动物象征等），后分化成植物学、动物学、地质学等具体学科。而中国传统博物学与西方博物学千差万别，即便是近代受到西方科学的冲击和影响的博物学，也与传统名物学、民族主义思想等纠缠在一起，复杂性超出了纯粹学科史的解释范畴（王楠，2015）；更不用说中国古代的博物学传统，其与社会生活、文化信仰等因素的复杂交织，必定不是科学史或古代史等一两个学科领域能够诠释的。正是因为这种复杂性，中国古代的博物学研究才缺少统一的研究框架，研究难度较大（刘华杰，2015）。已有的研究分散在科技史、农学史、历史地理学、人类学、考古学、民俗学、艺术史、文化史、民族植物学等多个学科领域，学科领域的分散和差异性必然导致相互之间的隔离，由此也可以反观中西视野下博物学的巨大差异。然而，无论是以博物学作为研究的视角和工具去探索古代的科技、民俗、艺术等，还是在不同的史学视野或学科领域中探索中西的博物学史，都无一例外需要强调文化的重要性、文化中人与自然的互动、自然知识与人文知识的交错。基于这点共识，搭建学术交流平台，成立专门的学术共同体就显得十分必要。值得庆幸的是，自然辩证法研究会博物学文化专业委员会常务理事会已经成立，这对于从事博物学文化研究的各学科学者来说无疑是一大喜讯，也必将为以后这一领域的研究创建良好的交流平台，整合各学科的学术资源。

另外，我们必须看到的是，在社会的现代化进程中，博物学整体上的式微和被贬低并不能改变一个事实——它依然是大众科学的主要组成部分，是公众理解自然的关键所在，也是职业生物学家们拓展工作和影响力的重要方式（皮克斯通，2017：72）。甚至有些学科在很大程度上非常依赖公众的博物学知识，如保护生物学和传统动植物分类学这些有着悠久博物学传统的学科，在科学共同体中越来越不受待见，职业从业者人数减少，学科发展随之走向公民科学（citizen science），而公民科学有很大一部分就是被贬低的博物学。同时，"现代性"带来的生态环境问题日渐突显，生态文明建设不仅成为国家的重要议题，也成为公民关注的共同话题，而博物学在响应现代性时很有可能成为生态环境问题的一大解毒剂（刘华杰，2017）。基于这样的现实考量和博物学复兴的势态，博物学研究必然会有更强大的社会基础，并极大地推进这个领域的学术发展。还值得一提的是，与中国交流甚多的东亚邻国，尤其是日本，其古代的博物学与中国传统博物学渊源颇深，其博物学文化也值得探究。在这方面，邢鑫对日本博物学的研究起到了抛砖引玉的作用。他以东亚跨国网络的视角，考察了博物学在东亚范围内以及东亚与西方之间的交流（邢鑫，2017a: 2; 2017b），为东亚各国的博物学及其相互交流影响研究提供了良好的借鉴和参考。

随着中国学界对博物学的关注越来越多，学术成果层出不穷，本文必定难以穷尽所有相关的研究，仅仅是抛砖引玉，以期更多的中国学者能够关注博物学，彼此之间也能够有更多交流合作。

致谢：刘华杰、熊姣、李猛、杨莎、王钊等阅读本文并提出宝贵意见，谨此感谢。

参考文献

陈玉莲. 商贸，艺术，博物学——约翰·里夫斯的博物画收藏. 中央美术学院硕士论文，2017.

陈元朋. 传统博物知识里的"真实"与"想象"：以犀角与犀牛为主体的个案研究.（台湾）政治大学历史学报，2010, 5: 1–81.

陈沐. 周作人散文中的博物学. 科学文化评论，2012, 9(3): 71–88.

常修铭. 认识中国——马嘎尔尼使节团的"科学调查". 中华文史论丛，2009, 2: 345–379.

程美宝. 晚清国学大潮中的博物学知识——论《国粹学报》中的博物图画. 社会科学，2006, 8: 18–31.

程美宝. 复制知识——《国粹学报》博物图画的资料来源及其采用之印刷技术. 中山大学学报（社会科学版），2009a, 49(3): 95–109.

程美宝. 班克斯爵士与中国. 近代史研究，2009b, 4: 146–152.

崔妮蒂. 博物学编史纲领 // 好的归博物. 江晓原，刘兵主编. 上海：华东师范大学出版社，2011: 3–22.

戴丽娟. 从徐家汇博物院到震旦博物馆——法国耶稣会士在近代中国的自然史研究活动. 台湾中央研究院历史语言研究所集刊，2013, 84(2): 239–385.

法伯. 发现鸟类：鸟类学的诞生. 刘星译. 上海：上海交通大学出版社，2015.

范发迪. 清代在华的英国博物学家：科学、帝国与文化遭遇. 袁剑译. 北京：中国人民大学出版社，

2011.

范发迪，袁剑．我的博物学研究路径与期待——范发迪访谈录．自然科学史研究，2012, 31(4): 484–490.

高雪．博物画的科学、艺术特征及其当代价值研究．山东大学硕士论文，2017.

胡翌霖．Natural History 应译为"自然史"．中国科技术语，2012, 14(6): 19–25.

胡宇齐．宋代绘画与中国博物传统．中国科学院大学硕士论文，2015.

胡宇齐，詹琰．从宋代花鸟画看中国传统博物．自然辩证法通讯，2017, 5: 83–89.

姜又文．一个清代词臣画家的"科学"之眼？——以邹一桂（1686—1772）为例，兼论考据学对其之影响．台湾中央大学博士论文，2010.

姜虹．从花神到植物学：论科学的女性标签．自然辩证法研究，2015, 7: 53–58.

姜虹．女子益智游戏"斗草"中的植物名称与博物学文化．中国科技史杂志，2017, 2: 186–197.

蒋竹山．清代的人参书写与分类方式的转向——从博物学到商品指南．华中师范大学学报（人文社会科学版），2008, 47(2): 69–75.

蒋竹山．写真、观看与鉴定——从《质问本草》看十八—十九世纪东亚的博物学交流 // 印刷出版与知识环流：十六世纪以后的东亚．关西大学文化交涉学教育研究中心、出版博物馆主编．上海：上海人民出版社，2011.

蒋竹山．人参"博物学"．紫禁城，2013, 7: 96–103.

蒋昕宇．浅谈博物学复兴背景下的图书出版．绵阳师范学院学报，2016, 10: 114–120.

蒋澈．近代早期博物学史的编史学综述．科学文化评论，2016, 13(1): 24–41.

蒋澈．从"方法"到"系统"——近代早期欧洲自然志对自然的重构．北京大学博士论文，2017.

孔令伟．博物学与岭南早期写实艺术的学术资源 // 广东与二十世纪中国美术国际学术研讨会论文集．研讨会主委会编．长沙：湖南美术出版社，2006.

赖毓芝．清宫对欧洲自然史图像的再制：以乾隆朝《兽谱》为例．台湾中央研究院近代史研究所集刊，2013, 6: 1–75.

赖毓芝．图像、知识与帝国：清宫的食火鸡图绘．故宫学术季刊，2011，29（2）: 1–75.

胡司德．古代中国的动物与灵异．蓝旭译．南京：江苏人民出版社，2016.

李鉴慧．挪用自然史：英国十九世纪动物保护运动与大众自然史文化．（台湾）成功大学历史学报，2010, 38(6): 131–178.

李伟铭．旧学新知：博物图画与近代写实主义思潮——以高剑父与日本的关系为中心 // 岭南画派研究文集．陈迹，陈枸主编．广州：岭南美术出版社，2010.06. 114–142

李如东．观念与经验的胶着、分离与再关联——华西边疆学会传教士的西南山地民族自然崇拜论述之研究．西南民族大学学报（人文社科版），2017, 38(8): 51–57.

李猛．博物学在皇家学会中地位的演变．自然辩证法通讯，2013a, 35(2): 46–50.

李猛 . 启蒙运动时期的皇家学会：数理实验科学与博物学的冲突与交融 . 自然辩证法研究，2013(2): 103–108.

李猛 . 关于清朝乾隆时期中英之间的一次科学交流——1792—1794 年英国使团在中国的博物学活动及其幕后策划者 . 自然辩证法通讯，2015, 37(1).

李猛 . 帝国博物学的空间性及其自然观基础 . 自然辩证法研究，2017(2): 88–92.

刘华杰 . 理解世界的博物学进路 . 安徽大学学报（哲学社会科学版），2010, 34(6): 17–23.

刘华杰 . 博物学论纲 . 广西民族大学学报（哲学社会科学版），2011, 6: 2–11.

刘华杰 . 博物学文化与编史 . 上海：上海交通大学出版社，2014.

刘华杰 . 博物学服务于生态文明建设 . 上海交通大学学报（哲学社会科学版），2015, 23(1): 37–45.

刘华杰 . 论博物学的复兴与未来生态文明 . 人民论坛·学术前沿，2017, 5: 76–84.

刘珺珺 . 科学社会学 . 上海：上海科技教育出版社，2009.

刘利 . 爱德华·奥斯本·威尔逊：分子生物学时代的博物学家 . 自然辩证法通讯，2017, 3: 139–146.

刘立佳 . 中古博物著作与博物观念研究 . 陕西师范大学硕士论文，2014.

刘星 . 通过公众参与发展起来的鸟类学 . 科学与社会，2016, 6(1):110–123.

刘宗迪 . 钟敬文先生的《山海经》研究 . 民族艺术，2007a, 1: 7–10.

刘宗迪，周志强 . 神话、想象与地理：关于《山海经》研究的对话 . 中国图书评论，2007b, 9: 49–56.

刘宗迪 . 古典的草根 . 北京：生活·读书·新知三联书店，2010.

刘孝廷 . 城市人精神还乡中的自然——城市博物学及其实践拓展 . 前线，2017(6): 63–68.

刘啸霆，史波 . 博物论——博物学纲领及其价值 . 江海学刊，2014(5): 5–11.

梅泰理 . 探析中国传统植物学知识 . 杨云峰译 . 风景园林，2010, 1: 98–108.

彭兆荣 . 此"博物"抑或彼"博物"：这是一个问题 . 文化遗产，2009, 4: 1–8.

彭兆荣 ."词与物"：博物学的知识谱系 . 贵州社会科学，2014, 6: 33–38.

〔英〕皮克斯通 . 认识方式：一种新的科学、技术和医学史 . 陈朝勇译 . 上海：上海科技教育出版社，2017.

钱慧真 . 试论中国古代名物研究的分野 . 宁夏大学学报（人文社会科学版），2008, 30(6): 43–45; 49.

施錡 . 博物学视域中的物与人：《高逸图》人物身份辨考 . 美术研究，2017a, 2: 64–71.

施錡 . 临济宗与"无声诗"：博物学视域下的《观音·猿·鹤图》寻义 . 南京艺术学院学报（美术与设计），2017, 3: 20–27.

田松 . 博物学编史纲领的术法道——原创基于独立的问题 // 好的归博物 . 江晓原，刘兵主编 . 上海：华东师范大学出版社，2011a: 3–22.

田松 . 博物学：人类拯救灵魂的一条小路 . 广西民族大学学报（哲学社会科学版），2011b, 6: 50-52.

涂昕 . 鲁迅 "博物学" 爱好与对 "白心" 的呵护 . 杭州师范大学学报（社会科学版），2017a: 39(4): 93-98.

涂昕 . 鲁迅的 "博物学" 视野与他的思想和文学 —— "中间物" 的意识、万物之间的联系与差异 . 中国现代文学研究丛刊，2017b, 10: 144-157.

王芳 . 进化论与法布耳：周氏兄弟 1920 年代写作中的博物学视野 . 中国现代文学研究丛刊，2016, 1: 79-88.

王钊 . 博物学与中国画的交汇：谈蒋廷锡《塞外花卉图》卷 . 故宫博物院院刊，2017a, 1: 65-78.

王钊 . 帝乡清芬：《嘉产荐馨》中香料植物考 .（台湾）故宫文物月刊，2017b, 3: 2-13.

王钊 . 远禽来贡：清宫绘画中的火鸡图像来源 . 紫禁城，2017c, 3: 132-141.

王钊 . 有鹿在囿：清宫绘画中的鹿形象 . 紫禁城，2017d, 10: 14-35.

王楠 . 帝国之术与地方知识——近代博物学研究在中国 . 江苏社会科学，2015, 6: 236-244.

王一方 . 医学家的博物学关怀与情怀 . 医学与哲学，2006, 27(15): 50-52.

温志拔 . 宋代类书中的博物学世界 . 社会科学研究，2017a, 1: 181-187.

温志拔 . 博物学的南宋图景：以《古今合璧事类备要》为中心的考察 . 渭南师范学院学报，2017, 32(3): 53-57.

吴国盛 . 回归博物科学 . 博览群书，2007, 3: 23-25.

吴国盛 . 自然史还是博物学？读书，2016a, 01: 89-95.

吴国盛 . 博物学：传统中国的科学 . 学术月刊，2016b, 4: 11-19.

吴国盛 . 对批评的答复 . 哲学分析，2017, 8(2): 35-42.

吴彤 . 科学实践哲学与语境主义 . 科学技术哲学研究，2011, 28(1): 5-10.

吴彤 . 自我与他者：不同的科学——评吴国盛教授的《什么是科学》. 哲学分析，2017, 8(2): 3-13.

邢鑫 . 多识草本：日本近世博物学传统及其转化 . 北京大学博士论文，2017a.

邢鑫 . 东亚视角下的植物知识环流——以宇田川榕庵《百纲谱》为例 . 自然科学史研究，2017b, 36(1): 34-44.

熊姣 . 约翰·雷的语言学研究与博物学的关系 // 好的归博物学 . 江晓原、刘兵主编 . 上海：华东师范大学出版社，2011a: 72-88.

熊姣 . 约翰·雷《英语谚语集》展示的生活世界 . 科学文化评论，2011b, 08(3): 67-89.

熊姣 . 约翰·雷的动物学研究与自然神学 . 自然辩证法通讯，2013, 35(4): 33-38.

熊姣 . 埃克塞特书谜语中的博物学 . 科学文化评论，2014, 11(2): 60-77.

熊姣 . 约翰·雷的博物学思想 . 上海：上海交通大学出版社，2015.

许玮.宋代的博物文化与图像.中国美术学院博士论文,2011.

徐增莱等.中国生物学古籍题录.昆明:云南出版集团公司,云南教育出版社,2013.

徐保军.林奈自然经济理念的缘起与实践.自然辩证法研究,2015a,(12):63-69.

徐保军.使徒、通信者与林奈体系的传播.人民论坛·学术前沿,2015b,(22):92-95.

薛珂.中国花鸟画通鉴(03)·姹紫嫣红.上海:上海书画出版社,2008.

杨莎.被遗忘的自然体系传播者(1790—1820).自然辩证法研究,2016a,(4):59-62.

杨莎.阿萨·格雷与进化论.自然辩证法通讯,2016b,38(4):138-146.

杨莎.植物分类体系在美国:自然、知识与生活世界(1740年代—1860年代).北京大学博士论文,2016c.

于翠玲.从"博物"观念到"博物"学科.华中科技大学学报(社会科学版),2006,20(3):107-112.

余欣.敦煌的博物学世界.兰州甘肃教育出版社,2013.

余欣,钟无末.博物学的中晚唐图景:以《北户録》的研究为中心.中华文史论丛,2015,2:313-336.

余欣.中古异相:写本时代的学术、信仰与社会.上海:上海古籍出版社,2015.

张东华.格致与花鸟画:以南宋宋伯仁《梅花喜神谱》为例.杭州:中国美术学院出版社,2015.

张钫.画者的博物学:基于《宣和画谱》的考察.南京艺术学院学报(美术与设计),2017,4:9-13.

章梅芳,刘兵.后殖民主义、女性主义与中国科学史研究——科学编史学意义上的理论可能性.自然辩证法通讯,2006,28(2):65-70.

章梅芳.人类学与女性主义:科学编史学层面的同异研究.广西民族大学学报(哲学社会科学版),2008,30(4):33-38.

张雅涵.自然史与女性教育:夏洛特·史密斯与约翰·拉斯金.台湾大学硕士论文,2014.

赵艾东.19世纪后期英国博物学家普拉特两访打箭炉(康定)及启示.四川大学学报(哲学社会科学版),2017,5:89-96.

郑艳.中国花鸟画通鉴(18)·越出畦畛.上海:上海书画出版社,2008.

郑宇晴.科学鸟类学的建立——约翰·雷《鸟类志》之自然史观.台湾大学文学院历史学系硕士论文,2015.

朱慈恩.论清末民初的博物学.江苏科技大学学报(社会科学版),2016,16(2):19-24.

周奇伟.缪尔的博物学与环境思想//好的归博物.江晓原,刘兵主编.上海:华东师范大学出版社,2011:3-22.

朱渊清.魏晋博物学.华东师范大学学报(哲学社会科学版),2000a,32(5):43-51.

朱渊清.博物学在中国的兴起//李约瑟研究第1辑,李约瑟文献中心主编.上海:上海科学普及出版社,2000:238-252.

朱昱海.法国来华博物学家谭卫道.自然辩证法通讯,2014(4):102-110.

朱昱海. 从数学到博物学——布丰《博物志》创作的缘起. 自然辩证法研究, 2015(1): 81–85.

周远方. 中国传统博物学的变迁及其特征. 科学技术哲学研究, 2011, 28(5): 79–84.

周远方. 试论中国传统博物学的内容及其与西方博物学的差异. 贵州大学学报（社会科学版），2017, 35(3): 108–113.

纵横

古希腊学者塞奥弗拉斯特对植物的描述

刘华杰

摘要：由于生活所需，世界各地的博物学家很早就开始探究植物了。西方博物学史至少可以追溯到亚里士多德和他的大弟子塞奥弗拉斯特（Theophrastus），前者熟悉动物，后者熟悉植物。塞奥弗拉斯特是"西方植物学之父"，他的《植物探究》（HP）和《论植物原因》（CP）是两部经典博物学、植物学著作。本文主要介绍塞奥弗拉斯特这两部作品的性质、对植物的描写方式。塞奥弗拉斯特坚持自然主义立场，重视经验和日常生活，对自然物进行了清晰描述和分类。在中国，植物学界、农史界、科学史界似乎从来没有认真对待过塞奥弗拉斯特，当下把他的两部著作翻译成中文是要紧之事。

当今西方的所有学术在古希腊似乎都能找到源头，西方博物学、植物学也不例外。比如亚里士多德和塞奥弗拉斯特（Theophrastus，公元前371—前287，误差大约一年左右）就是伟大的博物学家，留下了重要的描述植物的著作。

古代希腊学术虽然发达，却没有现代意义上的科学和博物学，按理说这是显而易见的。为了叙述方便，在近似的意义上可以说那时候有一些与现代的做法类似的对待自然事物的态度和方法。关键是如何界定"类似"，容许的差别有多大？古希腊的科学或博物学是约定的概念，学者虽然可以做出不同的约定，但不宜循环论证。比如不宜在古希腊的材料中选择性地拿出一部分，细致"打

"磨"成自己心目中的某种探究类型，将其他材料抛到一边，最后宣布：瞧，古希腊的科学或博物学是这样的！

在时空上，古希腊也不是一个点，那时那地的自然探究并非只有一个维度、一条道路，而是包含多个侧面、多条进路的。这种判断有明确的史料支持，比如大量成文的动物、植物、地理、矿物、气象、生理探究材料。那时的自然探究服务的目标也多种多样，有实用的也有非实用的。断定古希腊学者只从事无用的高深学问，不合情理，也与史料、文物不符。

被重新"发现"的博物学涉及科学和科学史，但并不必完全落入科学史、科学哲学探讨的范围。博物学史涉及的人物可以与科学史的人物重合，但不是必然重合。一般说来，较之科学，博物学抽象程度不够、肤浅许多，约束少了一些，但也更接地气，更显民间性与实用性。

亚里士多德肯定不是第一位博物学家，在他之前会有许多博物学家，就连明显忽视怀特（Gilbert White）、梭罗、缪尔这类优秀的人文博物学家的名著《伟大的博物学家》也指出，除了更早的苏美尔人、古埃及人的研究之外，古希腊的阿那克西曼德、恩培多克勒便是更早的博物学家。但为了叙述方便，《伟大的博物学家》仍然从亚里士多德讲起，古代先贤部分依惯例，只描述了四位极具个性、留下重量级作品的人物：亚里士多德、塞奥弗拉斯特、迪奥斯科里德（Pedanius Dioscorides）、老普林尼。（赫胥黎，2015）前两者出生于公元前，关系也较近一些，其中一位擅长考察动物，一位擅长考察植物；后两者出生于公元后，迪奥斯科里德精通医药，留下了影响达千年的《药物论》，老普林尼喜欢编撰、汇总各种知识、故事，留下了10卷37册《博物志》。这里只对上述四杰中的第二位、被称为西方"植物学之父"的塞奥弗拉斯特略做介绍。要说清塞奥弗拉斯特的博物学研究，需要交待他成长的环境、他的老师和同事、他的研究风格以及其著作的具体内容。中文世界对塞奥弗拉斯特讨论得不多，许多事情要从头说起。

古希腊时期的博物学，就字面意思而言，是对自然世界的探究。就空间范围而言可分两个方面：（1）对附近自然物的探究，这一方面容易被忽略。实际上亚里士多德的动物研究和塞奥弗拉斯特的植物研究讨论的绝大部分物种都属于地中海沿岸，这表明他们（不限于他们两个人）长时间认真观察、积累了本地知识，包括个体经验，也包括他人经验。（2）对远方的自然物、自然地理、风土人情的研究、描述。那时 historia（由希腊词转写）包含旅行见闻这一层意思。比如"希罗多德的探究首先意味着游历、考察那些陌生的地区、陌生的国度，力求发现新的知识、新的史实"（徐松岩，2013：V）。西方史学之祖、旅行家希罗多德（Herodotus，约公元前484—前430/420）写 IΣTOPIAI 时并无后来的"历史"含义，他的著作产生巨大影响后，才被称为"历史"。希罗多德至各地旅行、考察、搜集材料、撰写，可能有自己的目的和人生规划，但主要是为了能生存下去，部分也为城邦当局提供所需的信息。雅典城邦曾给予希罗多德巨款，显然不只是为了表彰他演讲、说书、活跃市井文化。把他的社会服务解释为"系统搜集对雅典十分重要的地方见闻"，更为妥当一些（默雷，1988：144–145）。对大自然的 historia，即博物、博物学、自然志或者史志，也可以做类似的理解；探究自然事物的目的可能多种多样。

剑桥大学科学史家弗仁茨（Roger French）在《古代博物学》(Ancient Natural History) 这部著作中指出，西方古代的博物学是对 historiae 的收集和呈现，而 historiae 指的是值得哲学家、教育家或奇闻逸事传播者记述的诸事物（French，1994）。弗仁茨还暗示，古代学者从事博物学研究，目的复杂多样，与"科学"的关联未必比与其他事情的关联更多。他甚至指出，古代希腊博物学与马其顿、罗马军事扩张的联系，要多于与"早期科学"的联系。这好比汉代张骞（公元前164—前114）从西域带回许多植物品种和重要的地理信息，虽然起到了博物探险的效果，但他出使的主要目的是政治、军事和外交。不过，弗仁茨只是强调了被忽视的一个侧面而已，在此不必从一个极端走向另一个极端。在我看来，日常生活、生产实践的需要，大概一直是实用博物学的有力支撑。

学者研究古代的事物，必然用后来的观念去想象早已消失的历史场景，单一进路难以令人信服，多条进路合起来则有可能展示丰富的古代画面。至于每个阶段呈现出来的画面的真实性，则涉及学者的信念，在此朴素的历史实在论因为没有可操作性而没有说服力。有些猜测可信，有些不可信，对于不可信的东西，在找不到更多材料之时，也只好悬置。此时可信的，彼时也可能变得不可信。

一、塞奥弗拉斯特是哲学家还是博物学家？

希罗多德出生一百多年后，也就是公元前371年左右，塞奥弗拉斯特出生。

这一年，马其顿国王腓力二世打败了底比斯和雅典联军，亚历山大大帝统治了希腊。古典时代结束，希腊化时代开始。塞奥弗拉斯特去世那年（前287年），数学家阿基米德出生。

当时中国是什么状况呢？塞奥弗拉斯特一生所处的时期对应于战国时代，主要在东周显王、慎靓王（前368—前314）执政时段。前前后后发生的大事如下：公元前403年韩、赵、魏被周王立为诸侯，史称"三家分晋"；公元前371年韩国严遂杀死韩哀侯；公元前311年张仪游说楚、韩、齐、赵、燕五国连横，臣服于秦；公元前307年赵武灵王北攻中山，实行胡服骑射；公元前288年，苏秦第二次由燕赴齐；公元前287年赵、齐、楚、韩、魏五国攻秦。那个时候《墨经》已经写成，《山海经》（公元前4世纪）、《孙膑兵法》（公元前4世纪）、《内经》（公元前4世纪）、《尔雅》（公元前3世纪）、《禹贡》（公元前3世纪）等也相继问世。

塞奥弗拉斯特活了85岁，可以说比较长寿，亚里士多德只活到了63岁。如果说希罗多德长于对人事、战争的调查研究的话，亚里士多德师徒则长于对自然物的探究。希罗多德的著名作品 *IΣTOPIAI* 相当于《调查报告》；亚里士多德的 *Peri ta zoia istoriai/Historia Animalium* 对应于《动物志》（16

世纪博物学家格斯纳的著作也叫这个名字）；塞奥弗拉斯特的 *ΠΕΡΙ ΦΨΤΩN IΣTOPIAΣ/Peri phyton historia/Historia Plantarum/Enquiry into Plants* 则对应于《植物探究》，他还有另外一部关于植物的名著《论植物原因》，详见下文。塞奥弗拉斯特是柏拉图、亚里士多德的同事，更是学生。亚里士多德去世后他执掌吕克昂学园达36年，他教过的学生据说有两千人。如今雅典宪法广场北侧立着一块界石，粗糙的大理石表面依然保留着碑铭残迹。此界石是吕克昂学园的标志。公元前320年，塞奥弗拉斯特在此讲学，传播亚里士多德的思想。（帕福德，2008：17）

据地理学家斯特拉波（Strabo）的《地理学》所述："塞奥弗拉斯特以前名叫 Tyrtamus，是亚里士多德把他的名字改为 Theophrastus 的。部分是因为原来的名字发音不雅，部分是要显示 Theophrastus 在言辞上非常讲究。因为在亚里士多德的教导下，他的所有学生都能言善辩，而 Theophrastus 是其中最厉害的一位。"（Fortenbaugh, 1992a: 52-53）也有文献记载，他的名字先被改为 Euphrastus，然后才是 Theophrastus。Theophrastus 这个词由两部分构成，前者是"神"的意思，后者是"我出发""我趋向"的意思，因而整体是"近于神的人""向往神的人"。（Fortenbaugh, 1992a: 54–57）后来 Theophrastus 这一名字也出现于科学史中的大人物帕拉塞尔苏斯的名字当中[1]。

现在可资利用的有关塞奥弗拉斯特生平的描述主要来自第欧根尼·拉尔修（Diogenes Laertius）的《哲学家们的生活》，而它成书于塞奥弗拉斯特去世后 400 多年，应当说相隔时间已经很长了。不过，学者们（如 A. Hort）认为描述还是可信的，因为它们与其他来源的大量零碎材料十分吻合。按第欧根尼·拉尔修的说法，塞奥弗拉斯特出生于爱琴海东北部列斯堡岛（Lesbos）的爱利苏斯（Eresos）。父亲名叫梅兰达斯（Melantas），是一位洗衣工。

塞奥弗拉斯特是怎样一个人？宏观上看，主要选项有：（1）第一流的科学家或博物学家。（2）第一流的哲学家或者人文学者。比如，他的《自然学说》是希腊第一部哲学史著作（策勒尔，2007: 13）。（3）极普通的一位古代学者。习惯于现代学术的人容易给出非此即彼的认定。在中国长期以来人们取的是第三个选项，因为几乎找不到对他的研究，提到其名字的文献极少。接下来，人们容易在第一个和第二个选项中二选一，即认定他要么是杰出的科学家要么是杰出的人文学者，不可能兼具，而实际情况恰好是两者兼有。可能的情况是，塞奥弗拉斯特与他的老师一样，要为学生开设许多不同的课程。作为优秀教师，他们博学多闻，他们的讲稿也不断积累、修订，年复一年地讲授并进行讨论；哲学、修辞、动物、植物、气象等都在研讨、教学之内，因此很难说他们只是某一专门领域的专家。今日习惯称亚里士多德为哲学家，实际上称他为动物学家，同样合理，也同样勉强。对于塞奥弗拉斯特可能也一样，他既是哲学家，也是植物学家。

今日称塞奥弗拉斯特为植物学家，比较好理解，因为有两部实实在在的关于植物的著作放在那里。但他依然不是后来意义上的植物学家。除了较完整的植物（学）作品，他还写了数百本其他著作，其实很难判断植物（学）在他本人的各种学术研究中占据多重要的地位，虽然篇幅较大。据统计，植物（学）著作只占到其作品的 5%（帕福德，2008：27）。据第欧根尼·拉尔修记载，通常认为其名下有 227 部专著。据说，这些书总计有 232,850 行（转引自 Fortenbaugh et al., 1992a: 27–41）。从存目的书名可以猜测塞奥弗拉斯特涉猎

---

[1] 帕拉塞尔苏斯原名为塞奥弗拉斯特·博姆巴斯特·冯·荷恩海姆。

面极广,在这点上他很像其老师亚里士多德。可能还不止于相似,有些内容可能是两位大师共享的,"著作权"不分彼此。当然,那时没有现在的版权概念。联想到马克思与恩格斯的合作,吕克昂学园先驱者亚里士多德与塞奥弗拉斯特亲密合作也不是没有可能的。

现存的塞奥弗拉斯特的作品中,除了两部完整的大部头植物(学)研究外,还有几个短篇《品性》(*Characters*)、《论气味》(*Concerning Odours*)和《论天气征兆》(*Concerning Weather Signs*)。《品性》讨论了人的 30 种负面品性,如掩饰、拍马、闲扯、粗鲁、谄媚、无耻、饶舌、造谣、吝啬等,写得非常生动,对近代欧洲文学有一定影响。塞奥弗拉斯特的大部分作品已经遗失,但从他人作品中还能找到关于他的大量记述,包括他的一些言论。1992 年出版的两卷本《爱利苏斯的塞奥弗拉斯特:关于其生活、作品、思想和影响的文献》详细辑录了希腊文、拉丁文、阿拉伯文的相关资料,成为学者全面了解塞奥弗拉斯特的重要工具书。

举一例,从一份经阿拉伯文献转述的记载,可一瞥塞奥弗拉斯特的修辞学、文学。他曾说:"为了彼此的利益,有时需要借助于恶人,正如檀香木与蛇互惠互利一般:蛇得到了芳香和阴凉,而檀香木因蛇的保护免于被砍伐";"当你成为某人的敌人时,不要与他的全部家人结仇,而要与其中的一部分为友,因为这样做能限制敌人施与伤害。"(Fortenbaugh et al., 1992b: 368–369)据说,对于女性他曾讲过:"在政治事务上女性没必要太聪明,但在家务管理上需要。""对于妇女,文字教育似乎是必要的,至少这对于家务管理是有用的。事实上更准确地讲,这会使妇女对饶舌和管闲事之类不那么兴致勃勃。"(Fortenbaugh et al., 1992b: 504–506)

二、塞奥弗拉斯特与柏拉图和亚里士多德的关系

塞奥弗拉斯特是柏拉图和亚里士多德的同事、学生。柏拉图去世时塞奥弗拉斯特正年轻(24 或 25 岁);塞奥弗拉斯特只比亚里士多德小 12 岁。

塞奥弗拉斯特从老师那里学到许多东西,作为亚里士多德的学生及继承人,他自己也做了大量教学与研究工作。但是,长期以来只有极少数古典学者讨论塞奥弗拉斯特,一般的知识分子(包括哲学家、科学家、科学史家、文学史家)并不关注他,通常用一小段或一两页的篇幅把他打发过去;"古希腊罗马哲学"中通常也不会提到他。

塞奥弗拉斯特的博物学或者植物研究，不是一切从头开始。他的研究以古希腊哲学为基础，利用了现成的语言工具和自然哲学概念。他从柏拉图和亚里士多德那里借鉴到关于事物分类的一些思想，由前者学到"相论"（通常译作理念论），从后者学到"范畴论"。

相论的大致意思是，世界除了一个又一个具体的事物外，还存在更重要的、看不见的某种东西——"相"（也译作理念）；相是永恒不变、独立自存的真正存在（刘创馥，2010：68）。比如美本身、善本身、大本身，即美的相、善的相、大的相。我们这里不直接称"理念"或"理型"，而称相，是沿用陈康先生的叫法。比较而言，"相"同时有可见形象和不可见想象两个方面，更能体现柏拉图的原意，但也有理由仍然译作理念。（先刚，2014：241–249）按柏拉图的哲学，具体的美的东西、善的东西和大的东西，皆"分有"了上述美的相、善的相、大的相。"这些美的东西之所以是美的，就只能是因为它们分有了美本身。对于所有其他的东西来说也是这样。"（北京大学哲学系外国哲学史教研室编译，1982：176）柏拉图这种哲学思想（理念论）与博物学的分类有一定的关系，涉及如何看待和区分世界上存在的极为多样的事物。举个现代的例子，苹果树和樱花树有许多共同点，在现在的植物学中两者都被分在蔷薇科中。用柏拉图的想法重新叙述：苹果树和樱花树是具体的东西，蔷薇科是具体事物之上的某种相，于是苹果树和樱花树皆分有了蔷薇科的相。好像也说得通，但这并不很符合现在的分类学操作。相论有其缺点，先哲们早就意识到了，柏拉图本人后期也放弃了自己早期的想法，《巴曼尼得斯篇》展示了这一转变（当然哲学史界也有不同的看法）。

柏拉图认为个别事物分有了"相"的性质。（柏拉图，1982：42）个体分有种的性质，种分有属的性质。但是谁先谁后？实际上是团团转：由个别到一般再由一般到个别，个别与一般彼此印证而成一体系。从青年柏拉图到老年柏拉图，再到亚里士多德和塞奥弗拉斯特，"相论"到"范畴论"的转变基本完成。少年苏格拉底的"相论"，是柏拉图转述的他人的思想，而批评此相论的巴曼尼得斯则代表柏拉图本人！（柏拉图，1982：382）范畴论是亚里士多德把握存在物多样性、可变性的工具、理论框架。亚里士多德在此把语言问题、认知问题与本体论问题联系在一起。范畴同时具有两界性质：语言方面的与存在方面的，涉及思维与存在的关系。主谓词关系直接涉及对什么东西存在和如何存在的刻画：事物及其性质。

亚里士多德在柏拉图的基础上发展出四宾词和十范畴的思想。四种宾词指：定义、特性、种和偶性。其中的"种"，可理解为"相"或"类"，跟现在生物学中讲的"种"含义有差异。范畴共有十类：实体（本质）、数量、性质、关系、地点、时间、姿态、状况、活动（facere/doing）、遭受（pati/being-affected）。这十类范畴排列顺序在亚里士多德不同时期的著作中略有不同。各个范畴代表着不同的述谓类型，可把它们理解为不同的提问方式，代表从不同角度来把握对象（刘创馥，2010：81）。于是十范畴覆盖了下述问题：是什么？大小如何？有什么性质？与什么相关联？在哪？发生在什么时候？处于何种姿态？周边环境如何？有怎样的行动？遭受到怎样的作用？以这种提问的方式翻译反而更贴近亚里士多德所用的日常希腊用语（刘创馥，2010：81）。在范畴论视野中，研究者给对象的描述是多角度、立体的。对比一下，现在植物志中对物种的描述，相当程度上与上述十范畴涉及的内容一致。借用范畴可以组成命题，或者表示某物的本质，或者表示它的性质。这些范畴对博物学中的分类和描述是极为重要的。

亚里士多德在《范畴篇》中阐述了一个关于实体具有相对稳定性的假定（A1: 10–13。用此办法简记中国人民大学出版社出版的《亚里士多德全集》，含义为中译本第1卷第10–13页，下同），而这是命名与分类的重要基础。想象一下，对于要探究的对象，如果它处于快速变动状态，那么对其描述和分类都是很困难的。亚里士多德认为实体包括两类：第一实体(primary ousia)和第二实体。个别的人"张三"、个别的马"那匹马"是第一实体；第二实体是指种和各种属（含义见下文）。第一实体是单一的事物；而第二实体不是一个事物而是多个事物，即一类相似的事物。第二实体包含第一实体。如人包含一些具体的人。在此，人、动物都是第二实体。

进而，第一实体之所以最恰当地被称为实体，就在于它们是支撑着其他一切事物的载体，其他事物或被用来述谓它们，或依存于它们。现在，第一实体和其他事物的关系，就相当于种与属之间的关系：因为种之于属相当于主词之于宾词，属是用来述谓种的，而种不能用于述谓属。因此，我们有第二个理由说，种是比属更真实的实体。

对于种自身，除非同时兼为属，否则就不会有一个种比另一个种更是实体。针对具体的人，通过他所属于的种而给出的描述，与我们采用同样的定义方法针对个体的马做出的描述，我们无法说前者比后者更恰当。同理，某第一实体并不比另一个第一实体更真实地是实体。个体的人也不比个体的公牛更具实体性。（译文依据 Ross 的亚里士多德《形而上学》的英译本：Ross，5。可参考 A1：7-8；苗力田，1990：407-408）

从这段文字可以猜测，亚里士多德的哲学观点倾向于后来的唯名论或者工具主义，而不是实在论。在亚里士多德看来，除了第一实体外，其他事物都可用来解释作为主体的第一实体，或者说其他东西依存于第一实体。如果第一实体不存在，其他一切也就不存在。亚里士多德认为实体有如下特征：（1）第一实体是其他一切事物的载体，是最主要意义上的实体。在最原始最根本的意义上，它既不述说某个主体，也不存在于某个主体之中。这是在强调它的源头性，即之前无其他。（2）每个第一实体都具有独特性。不同的第一主体之间就根本性而言无法比较，不能说某个第一实体比另一个第一实体更根本、更具实体性，比如不能讲张三比那头牛更是

实体。这一条相当于描述了某种独立性、不可或缺性。（3）第二实体也不存在于某个主体中，但是可以用它来述说某个主体，比如可用"人"来述说某个特定的人张三。也就是说第二实体可以用来表述个体。这相当于说，第二实体是派生的、用来描述比它更基本的东西的。（4）实体自身没有相反者。第一实体指个体意义上的存在，没有什么东西能和第一实体相对立，如张三或者具体的一条鱼，都不会有相反者。第二实体也没有相反者，比如不能说人、动物有相反者。这相当于否定了某种对称性、"反物质"之类。（5）实体在数目上保持单一，可以容受相反的性质。亚里士多德相当于承诺了实体的某种稳定性。除实体外，其他事物不具有这个特点。比如具体一个人张三，在数目上始终是一个人，即数目上是单一的。但张三可以有时白有时黑；有时发热有时发冷；有时行善有时行恶。对于第二实体"人"，这也成立。其他事物不具有实体的这种特点，比如"颜色"，虽然数目上可以保持单一，但是同一种颜色不可能既白又黑。又如某一"行为"，不可能同时既善又恶。这就是说，实体在数目上保持同一，又能通过自身的变化而具有相反的性质。严格讲，这并不容易真正实现。比如今天我们可以想象，事物时时

处处在变化之中，彼时的张三其实不同于此时的张三。但是若要从事命名和分类，必须做出一定的理想化，要假定对象相对稳定。如果某人根本"不可能踏进同一条河流"，那么什么也做不了。讨论某河流时，自然要先假定此河流在一定时空范围内的相对稳定性、指称的相对固定性。论及人、动物和植物时也一样，需要承认其相对稳定性。这一点在今天看似简单，但它非常重要，它是一切系统性认知的前提。

第一实体太多了，有无数个，分类活动是对第一实体这些载体的聚类过程，而且可以多次聚类从而分出多个等级。当然，在亚里士多德的时代，人们不可能分出十分完善的"界门纲目科属种"之类的等级，但确实分出了有明确差异的等级。第二实体是指种和各种属，用今日的语言讲都是指群体。第二实体包含第一实体，就像属包含种一样。如人包含一些具体的人，在此，人是种，具体的人是第一实体。另外，人这个种本身就包含于动物这个属中。在此，人、动物都是第二实体。

在亚里士多德看来，利用"属"和"种"能很好地描述实体，比如描述某个具体的人，说他（她）是"人"，比起说他是"动物"，会显得更清楚、更得当。前者相当于用相对窄的类来刻画，后者相当于用宽的类来刻画。说他是人讲得更具体，提供了更多的信息，说他是动物则过于一般化。顺着亚里士多德的思路，我们可以另举一例：对于红豆杉，可以说它是裸子植物，也可以说它是植物。前者从裸子植物这个"种"（注意，不同于后来生物学中讲的种）的意义上刻画它，后者从植物这个"属"的意义刻画它，前者比后者更清楚、更得当。显然，在亚里士多德那里，属和种的思想不同于近现代分类学中的属和种。但从类别的大小来看，等级对应关系是一致的。也就是说，在亚里士多德那里"种"相对而言是较小的类别，而"属"是相对较大的类别。此时，名词的翻译处于两难境地。一方面那时的 eidos 和 genos 的确与后来讲的东西不能完全对应，另一方面从词源和语义上讲，早先的 eidos 与 species 之间、genos 与 genus 之间又的确有明显的继承关系。那么应当如何译呢？有三个选择：

（1）另造一组词，比如用"艾都"来译 eidos，用"吉诺"译 genos。

（2）按词源线索，用 species 译 eidos，用 genus 译 genos。

（3）故意反词源线索和语义关联来译，用 species 译 genos，用 genus 译 eidos。

这三者中前两者各有优缺点，但都

是可以考虑的。第一种译法清晰，不致造成混乱。缺点是人为斩断了某些关联，令后人无法从古代文献那里看清思想演变过程。第二种译法考虑了继承关系，缺点是有可能让初学者误以为古代的概念与现在的概念含义完全相同。第三者缺点大于优点，人为造成麻烦。特别是，这种做法故意与后来分类学的做法对着干，让人莫明其妙。

可是，实际上真的出现了糟糕的第三种情况。涉及 eidos 和 genos 的地方，商务印书馆出版的《古希腊罗马哲学》中的译文及苗力田先生主编、中国人民大学出版社出版的《亚里士多德全集》中的译文都变得令人费解。值得注意的是，这并非亚里士多德著作本身的问题，而是中文翻译凭空增加的问题。但它也不是完全无优点，其优点是强调古今词语的巨大差异。但是它造成的逻辑混乱完全掩盖了那微不足道的优点。

综合判断下来，第二种译法仍然是最好的，实际上长期以来西方学界就是按这个思路来译的。它也有缺陷，但没办法。作为学者，理所当然要明白在不同时代、不同人那里，某个词语写法一样（词尾可能有变化），含义可能差别很大。于是，三者中第二种最佳，第一种次之，第三种最差。第三种原则上不应当考虑，第一种有时也可以采用。看

亚里士多德下面一段话：

> 不过，种和属也不是像"白色"那样仅仅表示某种性质。"白色"除性质外不再表示什么，而种和属则通过指称一个实体而规定其性质：种和属表示那具有如此性质的实体。在进行这般限定时，在"属"那里比在"种"那里包含了更大的范围。于是，那个用"动物"这个词的人，比起那个用"人"这个词的人，实际上使用了外延更广的一个词。（范畴篇，5，据 W. D. Ross 的英文重译）

读者会感觉上述文字很清晰，普通人都看得懂。叙述的内容与常识也是一致的。但是《古希腊罗马哲学》中的译文是这样的：

> 但是"属"和"种"也不是像"白色"那样单单表示某种性质；"白色"除性质外不再表示什么，但"属"和"种"则是就一个实体来规定其性质："属"和"种"表示那具有如此性质的实体。这种一定性质的赋予，在"种"那里比在"属"那里包括了更大的范围：那个用"动物"这个词的人，比起那个用"人"

这个词的人，是用着一个外延较广的词。（北京大学哲学系外国哲学史教研室编译，1982：314）

读者读上面一段就会感觉非常别扭，难道亚里士多德会那样说吗？种为何比属包含的范围更大？其实这与亚里士多德无关，只是中文翻译时人为制造的障碍。再看看中文版《亚里士多德全集》第一卷相关段落的译文：

> 但它们所表明的不是某种笼统的性质，如"白的"。因为"白的"除了表明性质以外，别无所指。而属和种决定了实体的性质，这些性质表明它是什么实体，而且，种所确定的性质的范围要比属所确定的更宽泛。因为说"动物"，就要比说到"人"包含得更多。（A1：10）

我们发现，在这里种和属的关系是颠倒的，读者会误以为亚里士多德混乱，其实跟他没关系。在这里，亚里士多德的思想很容易理解，只是不要教条地把种和属完全理解成现在意义上的种和属即可。再看《范畴篇》中的另一段描述：

诸多第二实体中，种比属更具实体性、与第一实体的关系更密切。因为要描绘实体是什么，应当提供更具体的描述，用种来界定比用属来界定来得更恰当。因此，称某具体的人是"人"比称其为"动物"，给出了更充分的描述。因为前者相当程度上限定了那个人，而后者未免过于笼统。同理，某人想描述某棵树的本性，用"树"这个种来述说比用"植物"这个属来述说更为精准。（范畴篇，5，据 W. D. Ross 的英文重译）

这段话是清晰的，与亚里士多德其他表述完全兼容。这进一步印证我的判断：中文世界长期以来的翻译有误导性，应当纠正。

亚里士多德主张用第二实体等概念来描写、述说第一实体，即用种和属等来描述实体。《范畴篇》中只简单地提及"属差"（diaphora / differentiae），并没有充分展开。比如"属差也可以用来表述种和个体""属差的定义也适用于种和个体"。亚里士多德从横向和纵向分析了属差与属差之间的关系。如果属是不同的并且是并列的，那么它们之间是不同的东西。比如动物属差与知识的属差，两者不相干。如果某属 A 隶属于另一属 B，那么 A 和 B 两个属可以具有相同的属差。"如果一个属从属于另一个属，那么就不妨碍它们具有相同的属差。因为较大的类被用来述谓较小的类。于是，宾词的所有属差也将是主词的属差。"（范畴篇，3，据 W. D. Ross 的英文重译）需要注意的是，这里提到同一主词的多个属，它们分属于不同的层级。

在《形而上学》中亚里士多德的这一分类思想进一步得到发展。《形而上学》中大讲利用属差来限定属，从而更精确地描述种和第一实体。

我们必须首先探讨由划分而来的诸定义。在定义中，除了最初的定义和属差以外，别无所有。其他的诸属，均是由初次定义的属加上随之而来的属差构成的。例如，首先给出的属可以是"动物"，接下来给出的属是"两足动物"，再下来则是"两足无羽动物"，如此等等，将包含越来越多的词语。一般说来，不管包含多少词语，定义的方式都是一样的。对于双词的情形，其一是属差，其二是属，比如在"两足动物"中，动物是属，两足是属差。（形而上学，7.12，据 W.D.Ross 的英文重译；A7: 177-178）

如果除了"某属的种"之外"属"本身根本不存在，或者如果它只作为质料而存在（比如声音是属和质料，但它的属差构成了它的种，即字母），那么显然定义就是由属差构成的规则。

但是，还有必要考察由属差之属差构成的划分。例如，"有足的"是"动物"的一个属差，于是"有足的动物的属差"必定是以"有足的"为名义构成的动物的属差。因此，如果讲得准确的话，我们就不能说那种有足的东西有的长羽毛有的无羽毛。我们必须将它进一步划分为偶蹄的和奇蹄的，因为这些才是对于脚的属差。偶蹄是脚的一种形式。这种构造过程可以一直进行下去，直到抵达不包含属差的种。于是，脚的种类数与属差的个数相同，"有足动物"的种类数也等于属差的个数。如果情况是这样，那么显然，最后的属差将是某事物的本质和定义，因为在我们的定义中不应当将同样的事物陈述多次，那是多余的。的确有那种情况发生。当我们说"两足的有足动物"时，除了说出它们是有足的动物并且有两只脚外，什么也没说。如果给出恰当的划分，对于同一事物我们应当有多少个属差就说多少次。

如果属差的属差都这般一步一步构造出来，那么最后的属差将是形式和实体（本性）。但是，如果我们按照偶性来划分，如把有脚的动物进一步划分为白的和黑的，那么有多少种划分就有多少种属差了。因而很明显，定义是包含属差的原理（formula），或按恰当的方法由其中最后的属构成的。如果我们试图改变此番定义的顺序，比如谈到人，说"两足并且有足的动物"就没增加什么，因为已经说了"两足"后再说"有足的"显然是多余的。（形而上学，7.12，据 W. D. Ross 的英文重译；A7: 178）

界定某物，先从最宽泛的描述开始，通过引入多种属差逐层深入，由宽的类到窄的类，最后达到没有属差的东西，即无法或不必再细分的"种"。因为"种"是最接近作为个体的实体的最小分类单元。从上面的引文可以推断，亚里士多德甚至有很初级的双词命名法的思想。这与林奈的双词命名法（双名法）有怎样的联系呢？在绝对的意义上，两者无法对比，不可同日而语，但是两者都是通过等级补充的形式界定自然事物的。种、属的具体含义无法真正对应起来，但可以在等级差异和补充的意义上进行

对比。两者最终都约化为讨论两个等级：上一级的大类 U 和下一级的小类 D。对于亚里士多德来说，他似乎有"唯名论"的思想，至少不强调大类 U 的真实存在性，退一步，承认其存在性时也只是在质料的意义上承认。那么他承认什么东西存在呢？一是具体的个体，二是 eidos。这个 eidos 就对应于西方文化中一直讨论到达尔文时代以及现在的 species 概念。

在中国，传统希腊哲学讨论中关于 eidos 和 genos 的传统译法可概括为两个教条：（1）认为亚里士多德的用法是随意的，并无分类的意图（A4: 4 脚注），并认为"在有些地方完全可以相互置换"（A4: 394）。（2）把 eidos 译成属，把 genos 译成种。认为那时 genos 与 eidos 与现今生物学、逻辑学中通用的 genus、species 概念正好反向对应（苗力田，1990：535；亚里士多德，A4: 4 脚注；北大《古希腊罗马哲学》，236 脚注、310–315）。

这两个教条都无法成立！对于第一条，亚里士多德使用概念向来非常认真，对于 eidos 和 genos 这样重要的词汇，怎么能随便说他的"使用相当宽泛和随意"呢？这样的词汇在《范畴篇》《形而上学》《动物志》《论动物的部分》中反复出现，特别是在前两者当中。我考察

的结果是，亚里士多德绝无混淆之处，genos 与 eidos 只在一种特殊情况下可以相等同（下文会讲具体的成立条件），除此之外则根本不同。无论在《动物志》还是在《形而上学》中，亚里士多德讨论动物分类时的确都用到了 eidos、genos 和 diaphora，当然还不限于此。比如："另外一些部分虽则相同，就超过或不足而言又有差异，这种情况下动物的 genos 全都相同。我所说的 eidos，譬如鸟和鱼，因为它们中每一个就 genos 而言都有差别，而且鸟和鱼中又有众多的差异。"（A4：4，译文有改动）怎么能说无分类意图呢？因此第一条应当否定。

对于第二条，从亚里士多德叙述的逻辑来看，genos 显然比 eidos 的类别更大、更一般，如果动物是某个 genos，则鸟和鱼是某个 eidos。希腊词 eidos 有 form、essence、type、species 的意思。把 genos 译成属、把 eidos 译成种是合理的，虽然它们与后来的分类学讲的属和种含义不同，但至少在类别大小顺序上是一致的。在《动物志》中亚里士多德谈到极大的属："动物中包含鸟属、鱼属、鲸属这些范围广泛的属，从这些属还可以进一步划分出属。"（动物志，1.6，据 D'Arcy Wentworth Thompson 的英译文翻译；A4: 15）不久又说："包括所有胎生四足动物的属中，有许多种，但并无一

般的称谓。"（动物志，1.6；A4：16）这表明，在亚里士多德眼中"属"有多个层级，而且他的确是在用属和种进行分类。在《论动物的部分》中亚里士多德说："于是我们必须首先描述共同的功能，即整个动物界共有的，或某个大的类群共有的，或一个种的成员所共有的功能。"（论动物的部分，据 William Ogle 的英译本；A5：23）在此，虽然没有现代意义上界、科、属、种的区分，但类似的等级划分是有的，而且说到种和其成员为止。在科学领域，关于"种"的含义也一直存在争论。因此，有理由把颠倒的反正过来，应当把 eidos 译作种，把 genos 译作属。西方学者虽然也指出两者的用法并不十分严格，但通常认为 eidos 更具体、更基本，通常对应于 species 或 form（Woods, 1993；Witt, 1989），即对应于"种"或"基本形"。其中"种"和"基本形"不是两个东西，而是一个东西的两个侧面。

近代开始流行的对"种"的双词命名法（双名法是其简称。双名法不是两个名放在一起的意思）描述并不是完全的创新，在古希腊那里就有雏形。在中世纪，波埃修（Boethius）和伽兰德（Garlandus）在自由七艺中的"辩证法"中继承发展了亚里士多德通过"属差"来界定实体的方法（瓦格纳，2016：

135–147）。林奈是否熟悉中世纪的辩证法，不得而知。以现在的眼光重新叙述，实际上亚里士多德提供了最初的命名尝试，而林奈最终完成了标准化和科学化。亚里士多德对"种"的刻画方式是：eidos（种）= genos（属）+ diaphora（差别）。举一例，人=动物+双足的。但是，较复杂的方面在于，亚里士多德讲的 eidos（种）通常指一种东西（或者是 species 或 form），即对于某类东西，其种只有一个。但是他谈论 genos（属）时，指称的就不是一种东西了，某类东西的若干个分类等级都可以叫属，即某类东西可以有不止一个属。从亚里士多德的叙述中可以提炼出递推定义模式。基本关系是用属和属差来描述种，即 eidos（种）可以定义为：genos（属）+ genus-differentia（属差），然后再用高阶属和相应的属差来描述低阶属。于是就有一种多层相生的关系，希腊词 genos 就是生成的意思。设 n 表示阶数，G（n）表示 n 阶属，D（n）表示 n 阶属差，Diff 表示定义，则有

Diff（n 阶属）= n+1 阶属 + n 阶属差，即

Diff G（n）= G（n+1）+ D（n），

上式的意思是，n 阶属是通过 n+1 阶属加上 n 阶属差来描述的。其中 G（0）是 0 阶属，等于种，G（1）、G（2）、G（3）分别是 1 阶属、2 阶属、3 阶属，等等。现在尝试用一个现代的例子近似描述如下：

多花紫藤：紫藤属＋茎左手性等

紫藤属：蝶形花亚科＋木质藤本、一回奇数羽状复叶、花萼 5 裂、荚果肿胀等

蝶形花亚科：豆科＋花两侧对称、花瓣覆瓦状、花冠蝶形等

这里多花紫藤相当于 0 阶属（genos），即种（eidos）。紫藤属相当于 1 阶属，蝶形花亚科相当于 2 阶属，而豆科相当于 3 阶属。其他的一些描述相当于各级属差，如 0 阶属差＝｜茎左手性等｜，1 阶属差＝｜木质藤本、一回奇数羽状复叶、花萼 5 裂、荚果肿胀等｜，2 阶属差＝｜花两侧对称、花瓣覆瓦状、花冠蝶形等｜。

要注意的是，属不是仅仅一个，而是有许多层级。各个级别的属是如何界定的呢？用范围更大、相对不精确的类来界定小的、更精确的类，即用高阶属来描述低阶属。其中零阶属与种是一回事！这相当于"某属兼为种"，即最低阶的属等于种。由属 1，属 2，属 3，到

属4，层级越来越高。

不过，也不能拔高亚里士多德极初级的双名思想，亚里士多德讲的属包含了多种不同的东西，他也无意用某一个固定的属和种加词来完全限定住某个种。在此可稍提一句林奈的双名法：Diff 种＝属＋种加词。以油松为例，它的学名为 *Pinus tabuliformis*，这个双名作为一个整体，确定了唯一一个物种。其中 *Pinus* 为属，即松属；*tabuliformis* 是种加词，注意单独这个词是不能称为种名的。在林奈的命名体系及现在的植物命名规则中，属名是唯一的，但种加词不是。比如毛泡桐（*Paulownia tomentosa*）、山黄麻（*Trema tomentosa*）、毛樱桃（*Cerasus tomentosa*）的种加词都是一样的，如果种加词自身就称为种名的话，岂不是多种不同的植物具有了相同的种名？对于动物命名，与种加词对应的是"本种名"，它本身也不能代表某个种的名称。

无论 eidos 还是 genos 都不是指个体，而是指一定的群体，只是 genos 的类别更高、更一般罢了。在此基础上，亚氏认为 eidos 比 genos 更加接近第一实体。举一例，如果要说明第一实体"一棵银杏树"是什么，用"树"来说明就比用"植物"来说明更容易明白。在亚里士多德那里，genos 其实不是指物种的生成——那时候没有生物演化的概念——而是用来描述实体的范畴、名称的生成。对应于我们之前提到的"公式"，生成指的是用"属加属差"来定义另一层级的属的生成过程！不同的"属"如果是平行而没有隶属关系的，则这个"属"中所包含的"属差"之间，在种类上也不相同。比如，讨论"动物"这个"属"和"知识"这个"属"时，有足的、双足的、有翼的、水栖的等，是"动物"的"属差"，而不是"知识"的"属差"。某一"知识"与另一"知识"之间有差别，并不表现在它是两足的还是有翼的等方面。

小结一下，在亚里士多德看来，种比属更基本，属是用来描述种的。种跟属的关系，正是主体对于宾词的关系。对于某类东西而言，种只有一个，是最基本的，而属建立在种的基础上，可以指称多个层级，相当于现在的属、亚科、科、超科、目之类。"属差"被用来述说"种"和个体。

亚里士多德的《动物志》和塞奥弗拉斯特的《植物探究》贯彻了上述范畴论思想。亚里士多德描述动物的粗糙的双词描述也影响了塞奥弗拉斯特对植物的双名描述。塞奥弗拉斯特虽然没有提出近代意义上的属（genus）的概念，但他的确有粗糙的类似属的思想。他提到有数种野罂粟，并具体列出三种：（1）

角罂粟，叶如毛蕊花的叶，茎高一腕尺，根结实但比较浅。黑果扭转如兽角，小麦收获时采集。（2）罗伊阿斯，像野菊苣，可食用，开红花，果实指甲盖大小，大麦收获时还有些发绿。（3）赫拉柯雷亚，叶有点像肥皂草的叶，根细且浅。果实是白色的。"它们是完全不同的植物，虽然有着同样的称谓。"（*HP*2：279–281）他所说的同样的称谓便是 mekon，相当于后来的 *Papaver*（罂粟属）。

写作方式上，亚里士多德的《动物志》是塞奥弗拉斯特模仿的直接范本。《动物志》给人的最突出印象是：

第一，对如此多动物种类的如此多的方面进行了细致的经验性描述。特别要指出的是，他所描述的事实和结论，不可能通过逻辑推演推导出来，而必定来自多人的长期经验观察和总结。古希腊的自然探究虽然明确表现出理性科学与博物科学的差异，但两条进路在亚里士多德那里并存。

第二，将人这个物种与其他动物混在一起讨论，没有特别突出人。简单讲，亚氏没有把人不当动物对待，人是普通动物。这一点在现代人看来再平常不过，但在思想史、博物学史上却极为重要，也可以称之为某种坚定的自然主义立场。自然主义就说明模式而言是与超自然主义对立的，但是自然主义也是一个

谱系，唯物化的过程不是一次性完成的。自然主义与民间信仰或自然目的论并不必然矛盾，比如藏族灵魂观也表现出某种自然主义倾向（娥满，2015）。在后来博物学的发展中，自然主义立场得以加强，代表性的博物学家如林奈、达尔文。《动物志》[1]第一卷讲动物的各部分时，举的例子就是人的鼻子和眼睛，并与马及其他动物进行对比（A4：3）。讲动物是否群居时，将人与蜜蜂、胡蜂、蚁等并列（A4：8）。讨论胎生时，举例为人与马（A4：13）。讨论有足动物时，将人与鸟放在一起（A4：13）。"人胃类似于狗胃"（A4：29）；"人的脾脏又狭又长，与猪脾相像"（A4：32）；"人的肝脏呈圆形，与牛肝相像"（A4：32）。将人的部位与其他动物进行了对比："人身上凡是生在前面的部分，在四足动物身上都生在下面，即生在腹部，凡是人身上生在后面的部分，四足动物都生在背部。"（A4：38）讨论胎生动物被毛时，虽然指出人的情况与其他四足动物不同，但仍然放在同一类别中比较，没有强调谁高谁低、谁好谁坏。"人体除头部之外其余只有些许毛，可是头

[1] 以下引文如不特别说明均出自中国人民大学出版社出版的中译本《亚里士多德全集》第四卷《动物志》，引用时简记为 A4。

部却比其他任何动物的头部更为毛茸。"（A4: 38）讲生殖器的位置时说："雄性动物的生殖器有的生在外面，如人、马和其他许多动物；也有生在体内的，如海豚。生殖器生在外面的动物中，有些生在前面，如上述的动物，其中有些动物的生殖器和睾丸都松松地悬垂体外，如人；另一些动物的生殖器和睾丸均紧贴肚腹，有的更紧些，有的更松些：因为野猪与马的这部分贴近肚腹的松紧程度并不一样。"（A4: 42）粗看起来，这样对比似乎极平常，无甚重大含义。但是细想一下，在讨论如此特别的部位时，将人与野猪、马并列，本身并非平常的事情，作者一定得理所当然地把人视为普通动物才做得到。在讨论动物交配、生育的年龄时，先说山羊、猪、狗、马、驴，然后说到人，指出男女生殖的上限，男性达 70 岁，女性达 50 岁（A4: 160–161）。讲马的发育时，将雄雌成熟顺序与人比较，认为"这跟人类胚胎的情况相仿"（A4: 236）。作者也提及"在诸种动物中，女人与牝马在妊娠期间最有可能接受性配"（A4: 259）。第八卷开篇则大段讲了人与动物的相同与差异（A4: 269–270）。

《动物志》第七卷全部讨论人的问题，具体说是人的生产。这一卷讲述的丰富知识大致相当于现代的"生理卫生"和"妇科"的内容，甚至有少量"儿科"的内容。其中描述了男女性成熟的身心特征，如男性长出胡须，女性行经，而且提到行经与月相有同步关系。作者比较了胎儿在子宫中的姿态："所有四足动物均长伸着，无足动物侧斜着，如鱼类，两足动物则蜷曲着，如鸟类；人类也蜷曲着身体，其鼻子夹在两膝之间，眼抵在膝上，耳朵则在外边。一切动物的头最初都朝上，当它们不断增长并且欲将离开母体时其头部翻转朝下，合乎自然的出生方式于一切动物均是头部先出，但是也有脚部先出的反乎常情的方式。"（A4: 263–264）

当然，《动物志》中也有强调人之特殊性的地方，但不多。比如："很多动物都有记忆并可受调教，但除人之外，没有动物能够随意回想过去。"（A4: 10）即使在这里，也是强调相同而不是相异。现在看来，这一点对于博物学是非常重要的：人毕竟不是大自然的异类，人与其他生物相似，并且有共同的起源，同处于一个大的共同体。如果某种基础性的哲学导向过分强调人的特殊性（往往以赞美人的理性开始），就有可能将人与自然世界割裂开来，这对于生态保护、可持续发展均不利。

塞奥弗拉斯特在《论气味》中显然延续了亚里士多德对人的处理方式："具

有气味的植物、动物或无生命物质，都有自己的特殊之处，但是在许多情形中，对我们来说这并非显然，因为几乎可以这样讲，我们对气味的感知不如其他动物，所以对我们而言似乎并无气味的东西，其他动物却能感觉出气味，比如役畜能够闻出柯德罗波利斯的野麦而拒绝吃它，因为它有糟糕的味道。同样，有些动物能识别某种气味，而我们却做不到。实际上，动物并非天生就欣赏某种好味道，道理在于，在一定条件下所散发的味道有益于动物的生长、让动物比较享受罢了。假如关于秃鹫和甲虫的说法是真的，有些动物似乎的确讨厌某些味道，哪怕是好味道。对其解释是，它们的自然特性在于对各种气味都反感。为了能在具体情况中领会这一点，人们应当考虑所述动物的性情，也要考虑气味的威力。"（*HP*2: 328–331）在塞奥弗拉斯特看来，人并不必然处处比其他动物强，人与动物可能各有长处、本事。他还没有领会到这些是长期进化适应的结果，但是他的确毫不含糊地指出，动物对某些气味敏感、喜欢某种气味，可能是因为此气味对动物有益。他总是设法用动物生活中的自然原因来进行解释。虽然他不忘提及本性，但不限于此，也没有把现象的原因单纯还原为抽象的本性。他的观点是要从内外两个方面来

理解，这当然为日后的适应解释提供了可能性。

第三，亚里士多德对动物的刻画极少使用玄想式的描述，虽然大量使用对比手法，却几乎没有无端的联想。即使有对动物做象征性、拟人化刻画也是极少。摘引几段："有些动物性情温驯，滞缓，不会勃然发作，比如牛；另有些动物性情暴烈，易于发作，并且不可教化，如野猪；有些动物机灵而胆小，如鹿与野兔；有些动物卑劣而狡诈，如蛇；另有些动物则高尚、勇猛而且品种优良，如狮子；还有些动物出于纯种、狂野而又狡诈，如狼。"（A4: 10）"有些动物机巧而邪恶，如狐狸；有些动物伶俐、可爱而且擅作媚态，如狗；另有些动物温顺且易驯化，如象；有些动物腼腆而又机警，如鹅；有些动物生性嫉妒而好招展，如孔雀。"（A4: 10）"动物象征"式写作，在中世纪甚至到16世纪格斯纳时代还十分流行。可以说在亚里士多德那里，已经为日后的发展埋下了一颗小小的种子。但是必须重申，对于亚氏著作来讲，这方面的内容属于特例，上文所引的情况在《动物志》中是极少见的，此处引出只是想作为非主要内容列举，从反面衬托亚氏的写作方式。上面引文中刻画的动物习性也基本上是有根据的，并非随意联想。

根据希腊哲学史家策勒尔的见解，古希腊学者或许根本不把他们的创作活动看作生活中最重要的方面，他们仅把这视为愉快的消遣（策勒尔，2007：12）。他们最看重的是自己与学生的交谈和个人接触。谈话中，教学相长，教师的许多重要的思想并非由本人直接书写下来，而是通过弟子的转述而传播开去、保留下来。

单纯用某些存世作品来说明亚里士多德与塞奥弗拉斯特的关系，可能遗漏了一个重要方面。现在存世的整个吕克昂学园成员的早期作品，也可视为一个整体。不必否认每个人做出的具体贡献，但是也有必要强调它们是集体成果，有着鲜明的集体特征。具体讲，作为学园开山人物的亚里士多德与塞奥弗拉斯特的作品或者存目作品的名称，有相当多是一样的。由此可以猜测他们对诸多主题都做出了原创性的贡献，并都讲授过相关的课程。他们存世的作品很像课堂讲义（黑格尔的一些作品也是讲义，包括课堂讨论），作品中充满了课堂用语，显然与教学活动有关。留下的作品应当如何署名呢？那时候没有现代明确的署名习惯。根据现存的材料反推，其作者不是一人两人，而是一个集体，包括了当时的学生。学生参与课堂讨论，记录并整理了课堂笔记（类似马丁·加德纳

为卡尔纳普整理《科学哲学导论》教材）。这些讲义包括的题材相当广泛，几乎涉及当时所有的学问，以如今的大学来想象，亚里士多德和塞奥弗拉斯特两位教授把大学中几乎所有课程都讲过了。主讲人要年复一年重复讲授一些课程，因而讲义在几十年中也可能不断完善，实例在增加，错漏被不断修订。现存的材料与此猜测颇吻合。吕克昂学园从亚里士多德时开始，存续了250余年。可以猜测，在这期间学园的研究成果、教学材料某种程度上是共享的。

我们讨论塞奥弗拉斯特的博物学、植物学成就，显然也不能把所有成果都算在某一个体头上，更妥当的理解是：它们代表那一时期诸多古希腊人对大自然的理解和利用。

三、塞奥弗拉斯特对植物的具体描述

塞奥弗拉斯特留下两部完整的植物著作，分别简称为 *HP* 和 *CP*，前面已提到的《植物探究》对应的就是 *HP*，全称为 *Historia Plantarum /Enquiry into Plants*。此书描述植物的组成、各部分的名称、植物的分类等，通常不讨论原因问题。*CP* 全称为 *De Causis Plantarum /On the Causes of Plants*。此书考察植物发生的原因，中文可译作《论植物原因》。字

面上看，前者相当于分类学，后者相当于生理学，而实际上它们都处于博物学的范围之内，与近代意义上的生理学还有相当的距离。

塞奥弗拉斯特在形式上有意模仿老师亚里士多德的做法，其研究植物的两部分内容和亚里士多德的动物研究也能大致对应。分类描述与生理探究两类工作两人都做了，都有相应的作品。亚里士多德留下的动物研究在十卷本全集中占了第三、第四和第五卷共计三卷，整体上可分作两部分。第一部分为《动物志》（存世 10 卷，其中的第 10 卷风格不同，被认为不属于亚氏的作品）。从类型上看，《动物志》对应于塞奥弗拉斯特的《植物探究》（*HP*），卷数也相同，均为 9 卷。第二部分的作品相当于动物生理部分，包括《论动物的部分》《论动物的运动》《论动物的行进》《论动物的生成》（以上四部分收于第五卷），以及《论灵魂》和《自然短论七篇》（以上两部分收于第三卷）。其中《论动物的部分》从名字看似乎是讨论分类而不是讨论原因，实际上此书共四卷，只有第一卷讨论动物的种、属、属差，第二卷则讨论原因。第二卷开头说："在《动物志》中，我已详尽地说明构成动物的部分是什么以及数目有多少。现在我们必须探究决定每种动物构成方式的

原因，这个问题同我在《动物志》里所讲的截然有别。"（A5: 25）如此看来，前面的第一卷只相当于一个引言，也可能是后来加上的。此书的书名应当叫《论动物的原因》而不是《论动物的部分》。亚里士多德的这部分动物著作作为一个整体，对应于塞奥弗拉斯特的《论植物原因》（*CP*）。

沿着其老师的思路，塞奥弗拉斯特也探讨了植物的灵魂。亚里士多德认为生物界有三种不同的灵魂：植物的灵魂、动物的灵魂和人的灵魂。塞奥弗拉斯特将植物的灵魂定位于植物根部和茎干相连接的部位。

塞奥弗拉斯特著作中研究的植物种类十分丰富，绝大部分能够与现在的植物对应起来，如非洲乌木、希腊冷杉（*Abies cephalonica*）、地中海柏、松属植物、无花果、栓皮槭（*Acer campestre*）、蒙彼利埃槭、普通茱萸、欧洲榛子、欧洲杨梅、木犀榄（油橄榄）、小花柽柳、月桂、桃金娘、牡荆、悬铃木、欧洲栗、常春藤、葡萄、欧洲桤木、山榆（*Ulmus montana*）、光榆（*Ulmus glabra*）、欧洲朴树、没药（*Balsamodendron myrrha*）、乳香黄连木（*Pistacia lentiscus*，即阿月浑子）、棕榈、扁桃、多种梨、铜山毛榉、希腊野苹果、刺山柑、树莓、地中海黄杨

（*Buxus sempervirens*）、笃薅香（*Pistacia terebinthus*）、大麦、白羽扇豆、蚕豆、鹰嘴豆、沿海甜菜（*Beta maritima*）、小扁豆、荆豆（*Vicia ervilia*）、孜然芹（*Cuminum cyminum*）、阿魏（某种大茴香）、毒参（*Conium maculatum*）、小萝卜、欧亚萍蓬草、罗勒、牛至、罂粟、药用前胡（*Peucedanum officinale*）、旱芹、芝麻、欧苦苣菜（*Sonchus nymani*）、洋甘草、黑桑（*Morus nigra*）等。

塞奥弗拉斯特著作中提到的植物名大多是从农民、果农、牧人、商业菜园主、木匠、染工、漂洗工、医生、药剂师那里获得的（帕福德，2008：28）。相关名字在一定范围内是通用的，这也在一定程度上印证了书中的知识并不仅限于在学园内传播，在当时的社会中当有足够的体认、传习。

1.《植物探究》

塞奥弗拉斯特细致描述了许多植物，包括吕克昂学园种植的植物、大量本地植物（希腊和累范特）、外出考察观察到的植物、其弟子从远方记述的植物，也有亚历山大的随从收集来的植物。书中有"马其顿人说""伊达山的人说"字样，于是有学者猜测是分布在各地的学生"代表"在给塞奥弗拉斯特传递植物报告（Hort 的导言，转引

自 *HP* 1，1916：XX）。塞奥弗拉斯特教过的学生有两千余人，其中可能有一小部分人也喜欢植物。如果这是真的，那么这有点像林奈使徒向林奈汇报收集到的远方植物信息。塞奥弗拉斯特的书中也引用过毕达哥拉斯派哲学家门内斯托（Menestor）对植物的看法。博物学从一开始就同时关注本土和远方，只在不同时期有所侧重。远方只有化作本土、与本土进行对比，才能被确切认知。

塞奥弗拉斯特的《植物研究》有 9 卷，内容分别是：第一卷：论植物的部分和组成，论分类。第二卷：论繁殖，特别是树的繁殖。第三卷：论野生树木。第四卷：论树木，及某一地区和地点的特有植物。第五卷：论各种木材及其用途。第六卷：论野生和栽培的灌木之下的木本植物。第七卷：论盆栽草本植物和类似的野生草本植物。第八卷：论草本植物：谷类、豆类和"夏季作物"。第九卷：论植物汁液，及有药性的植物。这九卷内容几乎覆盖野生与栽培植物的各个方面，如一般性描述、分类，重点讨论了树木和农业作物，也讨论了"世界各地"的植物的特点，还涉及药用植物等。在另一部小书中塞奥弗拉斯特又讨论了植物气味。因此，总体上看，表面上行文不讲实用，但整部著作仍然显示出实用导向。作者以那个时代的最高

标准，系统地讨论了与古希腊人日常生活息息相关的植物的各个方面。说古希腊哲学、博物学及一般学术远离生活，不关心实用，显然不准确。

塞奥弗拉斯特将植物区分出四大类：树木、灌木、亚灌木和草本植物，但区别并不绝对。其中的"树木"不能简单地等同于我们现在所说的"乔木"。实际上他经常提醒读者，对植物所做出的划分经常出现模糊、例外的情形。

> 树木可被界定为这样一类植物：由根生长出带有节和多个枝条的单一茎，并且不容易被连根拔起，比如油橄榄树、无花果树和葡萄藤。灌木可被界定为，从根部生长出许多枝条的植物，比如树莓、滨枣。亚灌木可被界定为，从根部生长出多条枝和多条茎干的植物，比如香薄荷和芸香。草可被界定为，从根部长出许多叶、无主茎并且种子结在茎上的植物，如谷类和盆栽的草药。

> 不过，这些定义仅适用于一般性应用，要在整体上认可。因为就某些植物而言，似乎能够发现我们的定义是重叠的。有时栽培植物似乎变得不同，偏离它们的基本本性，比如锦葵长高时变得有点像树木。

这种植物的茎不需要多长时间，不超过六七个月，就长得又长又硬，像长矛一般，于是人们把它用作手杖。栽培的时间越久，效果也成比例地变化。甜菜也如此，在栽培条件下，它们会增高，牡荆、滨枣、常春藤也如此。于是，一般会承认它们变得像树木，但仍然属于灌木的类别。另一方面，桃金娘如果不剪枝的话会变成一种灌木，欧洲榛树也如此。对于后者，如果保留足够数量的侧枝不修剪的话，似乎的确能结出更优质、数量更多的果实，因为欧洲榛树本性上像灌木。苹果树、石榴树、梨树也不是只具有单一茎干的树木，任何从根部长出侧茎的树木都如此，但是当它们的其他茎干被去掉时，它们展现出树木的本性。然而，人们会让一些树木留有大量苗条的茎干，比如石榴树和苹果树，但会把油橄榄树和无花果树的茎干截短。（*HP*1: 23-25）

这段话透露出地中海地区人与植物相互作用的大量信息。某种植物长成什么模样，与生长条件有关。作为学者，要多观察多调查，不能把一种植物误认为多种不同的植物。大量的实物举例，也从一个侧面反映出信息的多样性和积累性，这些经验知识并非通过推理和玄想得来，而是通过广泛的实践。比如，看似轻松的一句叙述："甜菜也如此，在栽培条件下，它们会增高，牡荆、滨枣、常春藤也如此"，其实包含了大量信息，是许多经验的总结，而且不是一天两天、一年两年能够得出的。说具有近代经验科学的品质，也不为过。

塞奥弗拉斯特指出，给出精确分类有时是不可能的。他强调了广泛存在例外，并且建议关注典型，这近乎"模式"的思想。比如，在某些情况下只根据植株大小、粗细或者寿命长短就可以分类。对于亚灌木和盆栽草本类的植物，有一些只有单一茎，外表可能显现为树木的特征，比如甘蓝和芸香，因而有人称它们"树草"（tree-herbs）。事实上，所有或者绝大部分盆栽植物类别，如果长期处于户外，可能长出一些枝，于是整株植物具有了树木的形状，尽管它比树要短命。

由于这些原因，我们要说，不能给出太精确的定义。我们应当使定义具有典型性。因为对于野生的与栽培的、结果的与不结果的、开花的与不开花的、常绿的与落叶的植物，我们也必须基于同样的原则做出区分。因此，野生的与栽培的之间的区别似乎只是由于栽培，因为根据希朋（Hippon）的评论，任何一种植物要么是野生的，要么是栽培的，这取决于它是否受到关照。不结果的与结果的、开花的与不开花的之间的区别似乎也只在于地理位置和所在地区气候的不同。落叶的与常绿的之间的区别亦如此。因此，他们讲，在埃及象岛地区，葡萄藤和无花果树都不落叶。

可是，我们不得不使用这样的区分。因为相近的树木、灌木、亚灌木和草本植物有一些共同的特征，所以当人们分析发生原因时，必须考察所有相近的植物，而不能针对每一类别分别给出界定；有理由假定，原因对于所有植物来说也是共同的。事实上，对于野生的和栽培的植物，从一开始似乎就存在着某些自然的差异。我们注意到有些植物在栽培园地的生长条件下是无法成活的，有的则根本不适合栽培，仅仅是被迫忍受罢了，比如冷杉、希腊冷杉或者西西里冷杉、枸骨叶冬青，一般说来喜欢寒冷的雪地。同样道理也适用于亚灌木和草本植物，如刺山柑和羽扇豆。现在，在使用术语"栽培的"和"野生的"之时，我们必须一方面把这些作为

标准，另一方面要搞清楚什么是真实意义上的栽培植物。（*HP*1：27-29）

塞奥弗拉斯特对植物之纯粹知识的兴趣远超出他之前和同时代的人，不过他对植物存在方式的描写以及对农业、果树业生产技术和生产过程的大量刻画，显然有实用的效果，很难说是无意之为。

塞奥弗拉斯特著作中的谷类主要指小麦、大麦、单粒麦、米麦和其他类似的作物。豆类主要包括鹰嘴豆、豌豆和其他豆类。"夏季作物"包括粟、意大利小米、芝麻以及其他夏播作物，还有一些不易归类的农作物。

一年当中有两个季节最适合播种。第一个季节，也是最重要的季节，那就是早晨昴宿下降。作者提到，赫西俄德（Hesiod）甚至也遵守这条规则，于是人们有时简称此时间为播种期。另一个时间是冬至后春天开始之时。[1]（*HP*2:143–145）葡萄开始变色时，冬天开始。葡萄变色、收葡萄和收麦子的

时间一般也是固定的，书中多次用这样的标志性事件来描述一年当中其他农事活动。

《植物研究》与亚里士多德的《动物志》有明显对应关系，作为学生的塞奥弗拉斯特，其作品（也可以称作教案、教科书）的写法有意模仿老师。《动物志》是这样开头的：

> 动物的部分中有些是非复合的，它们全都可以分为自同的部分，如肌肉分为肌肉；有些则是复合的，

夏季：从昴宿升起（5月11日）经过夏至（6月21日）再到大角星（Arcturus）升起（9月22日）。亚里士多德《动物志》中提到小龙虾9月份在角星升起之前产卵，再于此星升起之后遗弃卵团（A4：171）。共计134天；秋季：从大角星升起和秋分到昴宿下降（11月9日），共计48天。全年365天加41/42分数天，其中的分数天一般加到夏至前。（*CP*1：序言 xlvi–xlviii）在古希腊的历法中，一年始于夏季的中段，因此塞奥弗拉斯特书中讲到的一年中的"早"与"晚"不同于现在历法的理解。对塞奥弗拉斯特来说，5月算一年当中的"晚"，而7月算一年当中的"早"。塞奥弗拉斯特时代的农历大致是这样的：6月21日，夏至。7月20日，可见天狼星升起，刮南风。8月26日，地中海季风停止。9月7日，可见大角星升起。9月21日，秋分。10月28日，大角星在晚上下降。11月5日，可见昴宿下降。12月22日，冬至。2月2日，刮西风。2月18日，见到燕子。3月18日，春分。5月9日，早晨昴宿升起。

---

[1] 参考洛布本注释。古希腊的历法中，一年分冬春夏秋四季。特点是四季不等长。冬季：早晨昴宿（Pleiades）下降（11月9日）到春分（3月24日），共计135天；春季：春分到昴宿早晨升起（5月11日），共计48天；

它们全都不可以分为自同的部分，如手不能分为手，脸也不能分为脸。

这类部分中有一些不仅可以称为部分，而且可以称为肢体，这就是那些自身为一整体而其中又包含另外一些部分的部分，例如头、足、手、完整的臂和胸，因为它们自身都是完整的部分，其中又有着另外的部分。

所有非自同的部分均由自同的部分构成，例如手由肌肉、肌腱和骨骼构成。（A4: 3）

相应地，塞奥弗拉斯特的《植物研究》开头为：

在考察植物独具的特征和本性时，人们通常必须考虑到它们的部分、它们的性质，以及它们生命的起始方式和每种情形中彼此相继发生的历程（我们在动物中发现而在植物之中却没有看到的作为和活动）。当下，植物就其生命的起始方式、它们的性质以及它们生活史的差异而言，相对容易观察，并且相对简单，可是，植物的"部分"中所显露的，却更加复杂。的确，我们还没有令人满意地研究清楚哪些应该称为"部分"，哪些不应该，

区分的过程中遇到了一些困难。

这里所谓"部分"，似乎是指属于植物之根本特性的某种东西，我们指的是某种长久的东西，它是绝对的或者已经发生过一次的（如同动物的部分，维持在一定时期内不发育）。长久是指，除非因疾病、衰老和毁坏，否则不会失去。尽管植物的某些部分，比如花、葇荑花序、叶、果，存在的时长只限于一年，但事实上所有那些部分都先于果及与其相伴的东西。同样地，新芽本身必须被包括在这些东西之中；因为树每年总是生出新东西，地面之上的部分与那些属于根的部分是类似的。于是，如果我们把这些（花、葇荑花序、叶、果、芽）直接叫作"部分"的话，部分的数目将是不确定的，并且经常变化；另一方面，如果这些不被称作"部分"，结果将是，在植物达到完美之时的那些本质性的东西，它们那些显而易见的特征，将不会被称作"部分"；任何植物，当它重新生长、开花和结果时，总是显得更好看更完美，也确实如此。我们说，诸如此类，便是定义"部分"时遇到的困难。（*HP*1: 3-5）

作为哲学家，塞奥弗拉斯特考察

植物时首先要关注如何界定"植物"，植物包含哪些部分，不同植物依据哪些根本特征加以区分。师徒研究的对象不同，研究方式却类似。具体笔法也类似，比如先给出概括性的断言，接着举例加以说明。为什么一开始便讨论部分与整体？亚里士多德在《动物志》中首先要描述不同动物之间的相同与差异，这就涉及组成方面，然后才是生活方式、习性和行为方面。在《动物志》中亚里士多德一共讨论了动物的四个方面的差异：（1）身体特殊部分上的差异（1，2，3，4卷），（2）生活方式上的差异（5，6，7，9卷），（3）活动类型上的差异（5，6，7，9卷），（4）专门特征上的差异（8卷）。整体与部分属于第一个方面要讨论的内容，涉及系统可还原的程度和分类原则，最终也会涉及四因说中形式与质料的关系，这些对于自然哲学家来说具有相当的重要性。亚里士多德在《形而上学》中也论及部分与整体（苗力田，1990：528–529），涉及两种部分：形式的部分和质料组成的组合物的部分，他更重视前者。只有形式的部分才是原始的部分。整体和部分谁在先，不可一概而论。"在这里，理所当然要出现一个难题。哪些是形式的部分，哪一些不是，而是组合物的部分。这个问题如不清楚，也就无法给个别事物下定

义，因为定义是普遍定义，是形式定义。从而，到底哪一些部分作为质料，哪一些不是，如若这一问题不清楚，就没有事物的原理是清楚的了。"（转引自苗力田，1990：531–532）也正是在此处，亚里士多德明确批评了青年苏格拉底的"相论"思想，重新阐述了普遍与特殊、整体与部分之间的关系："因为像这样把一切归结为一，而抽掉质料是件费力不讨好的事情。因为事物总是个别的，这个在那个之中，这些具有那些样子。青年苏格拉底在生物上所习用的比喻并不完美，它脱离了真理，造出了一个假设，似乎人可以不需部分而存在，正如圆形可以脱离青铜一样。但事情却并非如此，生物是有感觉的东西，不能离开运动给它下定义，所以也就不能不以某种方式分有部分。手并不是在任何情况下，都是人的部分，只有在执行其功能，作为一只活生生的手时，才是部分。一只无生命的手就不是部分。"（转引自苗力田，1990：532–533）黑格尔的自然哲学也在重复同样的高论，当然这是正确的。

塞奥弗拉斯特的博物学讨论在语言、思维上有着浓重的吕克昂哲学特征。不过，亚里士多德和塞奥弗拉斯特的博物学研究对后人的启示，重要的不是抽象的形式分析和原因考察，而是丰富的

实际经验总结。结合具体的植物，塞奥弗拉斯特的讨论更接近于后来的经验科学探究而不是当时和后来的哲学论辩。就哲学而言，哲学是不是一定要抽象、只注重概念分析？其实也是可以争论的。哲学是爱智慧，并未具体规定怎样做才是爱智慧。古希腊学术对于近现代科学的启发，显然不限于逻辑、数理方面，也包括博物方面；这两个方面到了伽利略那里才明确演化为数学方法和实验方法；对于维也纳学派的科学哲学，才表现为逻辑加经验两个侧面。换句话说，一开始就有两个方面，在发展过程中两个因素分形交织，人类认知和自然科学从来无法还原为两个方面的单一侧面。不包含逻辑的经验和不包含经验的逻辑，其实从来没存在过。帕拉塞尔苏斯的经验、弗朗西斯·培根的经验其实不同于现在二分法理解的纯粹经验，对于与经验论相对的唯理论也可作如是解释。干净利落的二分法概念是思维的造物，一种粗糙的知性分析工具，既不符合实际也不满足辩证思维的要求。

塞奥弗拉斯特注意到植物与动物的对应关系，更注意到它们之间巨大的差异，并在方法论上指出对两者的研究可以不同。接下去，塞奥弗拉斯特说：

不过，在考虑到更多涉及繁殖而非其他方面的事情时，我们或许不应当指望在植物中发现与动物的一种完全对应关系。于是，我们应当把植物所由生出的东西断定为"部分"，比如它们的果实，尽管我们不对未出生的小动物作此类断定。（然而，花或果这一产品对于眼睛来说似乎最美丽悦目，此时植物处于其最佳状态，于是我们不可能从中找出支持我们的论证，因为即使在动物当中，年轻的动物也处于最好的状态。）

许多植物每一年也蜕掉它们的"部分"，成年牡鹿甚至蜕掉角，冬眠的鸟[1] 换掉羽毛、四足兽换掉毛发；毫不奇怪，植物的部分不应当是永久的，特别是如动物中所发生的，植物中叶的脱落是类似的过程。

植物中与繁殖相关的部分，取类似的方式，不是永久的；因为即使在动物当中，当小动物出生时，有些东西从父母那里分离开来，另外一些东西（胚胎不是从母体中导出的唯一东西）被清除了，虽然所有这些都不属于动物的根本特性。植物生长，似乎也如此；显然，生

_____

[1] 古时的一种错误观念，以为鸟在洞中冬眠。

长到一定阶段，此过程的完成就会导向繁殖。

一般说来，如我们已经谈到的，我们一定不能假定在所有的方面植物与动物之间都存在完全的对应。这也就是部分的数目未定的原因；因为植物的部分在其他各种部分中都有生长的能力，恰如其各个部分均有生命一般。因此，我们应当假定的真相是，如我刚才讲的，不仅仅限于我们眼下的事物，还要看到将来展示于我们眼前的东西；因为费力做那些不可能做的比较，只是在浪费时间，并且那样做的时候我们将迷失对恰当主题进行探究的视野。对植物的探究，一般来讲，可以一般地考虑外部部分以及植物的形式，或者它们的内在部分。后者的方法对应于动物研究中的解剖。

进而，我们必须考察哪些部分属于所有类似的植物，哪些专属于某一种植物，以及属于所有类似植物的哪些东西本身在所有情形中都是相似的，比如叶、根、皮。此外，如果在某些情形中，应当考虑类比（比如通过动物的类比），我们也必须将此牢记在心。在那样做的时候，我们当然也必须把最接近的相似性和最完美发育的例子作为我们

的标准。最后，植物的部分受影响的方式，必须与动物在此情形下的相应效果进行对比，以至于人们在任何给定的情形下通过对比可以发现相似性。（*HP*1: 5–9）

人的正确思想从哪里来？一草一木皆有理，一物不格理不全。对动物的研究，对于研究植物可能有帮助，但也仅仅是有帮助，不能起到替代作用。师徒二人显然有一定分工，事后想来也是合理的。但今日的哲学工作者，依然要思考为什么他们要做形而下的工作？为何还要更为具体地分别研究动物和植物？它们与哲学，与一般的学术有关吗？哲学工作者关注动物、植物，是在浪费时间，还是另有奥妙？塞奥弗拉斯特在描述植物时，尽可能与动物进行类比，但也表现出相当的灵活性。比如，他谈到树液会令人想起动物的血液。"对于植物来说，并没有类似肌肉和血管之类的特殊名称，但是因为有相似性，所以从动物对应的部位借用了名字。但是可能存在这种情况，不仅这些东西，就植物世界普遍而言，可能也展现出不同于动物世界的其他差异。因为我们已说过，植物世界是多种多样的。然而，正是借助于已经较为了解的东西，我们才能了解不清楚的东西。而已经较为了解的东

西是那些个头较大，对于感官来说更容易感受到的东西，于是显而易见，可以正当地这般进行讨论：在考察了解得不够多的对象时，我们应当把已经较为了解的东西当作标准，我们将询问在每一种情形中可以用什么方式进行对比以及对比的程度。当我们考察部分时，我们必须接着考察它们所展示出的差异，因为这样一来它们的本质特性将显现出来，与此同时，一种植物与另一种植物之间的一般差别也显现出来了。"（HP1: 17-18）塞奥弗拉斯特考察的结论是，植物最重要的部分是根和茎。

如果熟悉亚里士多德的《范畴篇》，就比较好理解塞奥弗拉斯特对植物的处理方式了。对于植物个体，即亚氏所讲的第一实体，要通过"实体"之外的各种范畴来加以刻画。并且，在对植物的各种探索中，要时常与动物进行对比。不过，塞奥弗拉斯特相比其老师，对于目的论和抽象的自然哲学思辨的考虑要弱一些，他表现得更像近代经验科学之后的某位植物学家，他更注重描述植物的细节事实。

植物学著作开篇就讨论植物的"部分"，在现代人看来多少有些奇怪，但这是西方学者的习惯，向前自然可追溯到塞奥弗拉斯特。这一传统在形式上甚至一直持续到19世纪初，在德勘多（Augustin Pyramus de Candolle）1819年的著作《植物学基本原理》第二章中还能找到深受塞奥弗拉斯特影响的痕迹。比如德勘多讨论了植物部分的测量、部分的颜色、部分的表面、部分的方向性、部分的单一性与构成性、部分的寿命等。（C.P. de Candolle and K. Sprengel, 2015: 10–49）

塞奥弗拉斯特先指出"植物的部分"之间存在着三种差异：（1）某植物拥有它们而另一种植物不拥有（比如叶和果），（2）在一种植物中它们在外形和大小上可能不同，（3）它们在安排上可能有所不同。不同显现于形式、颜色、安排的紧密程度、粗糙程度，以及气味差异上。不同体现于数量和大小，以及多余或者欠缺上，而"安排上的不同"意味着位置的差别。比如，果可能在叶上或叶下；至于相对树本身的位置，果可以长在树尖上，也可以长在侧枝上，在某种情况下甚至可以长在树干上，而有些植物甚至还可以在地下结果。某些植物的果有柄，而有些无柄。开花器官也存在类似的差异，在某些情形中，它们包围着果，在其他情形中它们被放在不同的位置上。差异体现于对称性上，涉及枝对生、分枝间的距离和更复杂的排列方式。"植物间的差异，必须从这些特殊方面来观察，因为它们合起来展

现了每一种植物的一般特征。"（*HP*1: 9-11）

塞奥弗拉斯特按这种方式讨论植物的本质部分及其组成物质。在讨论每种具体植物之前，先以树木为范本，列出"植物的部分"包含的清单。首要的和最重要的部分，也是多数植物通常具有的，包括根（root）、茎（stem）、枝（branch）、嫩枝（twig）。它们是植物的"部分"，也可视为"部件"，类似于动物的部件：每一个在特征上都不同于其他部分，合起来则构成一个整体。"植物借助根吸收养料，借助茎进行传导。其中'茎'（stem）指的是，长于地面之上没有分支的部分。这一部分最常见于一年生植物中，也常见于多年生植物中。对于树的情况，称它为树干（truck）。'枝'指的是从树干上分离开来的部分，有时也称作大树枝（boughs）。'嫩枝'指的是从枝上生长出来的没有分支的生长部分，特别指当年生长的部分。"（*HP*1: 11-13）塞奥弗拉斯特补充说，上述"部分"通常专属于树木。但对其他植物也可以做类似的理解。有的植物的茎，不是永久的，只是一年生的。实际遇到的植物多种多样，形态各异，很难用一般的词语描述。"我们在这里无法抓住所有植物共同具有的任何普遍特征，像所有动物都有一张嘴和一个胃这样的特征。在植物当中，有些特征出现于所有植物中，仅仅在类似特征的意义上成立，除此之外则不同。"（*HP*1:13）塞奥弗拉斯特充分意识到植物比动物要复杂。"并非所有植物都有根、茎、枝、嫩枝、叶、花、果，或皮、髓心、纤维及脉管，比如蘑菇和块菌。然而这些及类似特征属于植物基本的本性。可是，如已经讲到的，这些特征特别属于树木，比较而言我们对特征的分类更适合于树木。将这些视为标准来讨论其他的植物是有道理的。"（*HP*1:13-15）也就是说，明知道有些植物不具有某些特征、"部分"，却仍要立下一个标准，描述其他植物时参考这个标准来进行。这是很有意思的，我们可以想一想"游戏"的共同特征、"科学"的共同特征是什么？确实容易为它们各自找到一些共性，但很难找到完备集，即无法提供一个充分必要组合。用现代人的说法来重新叙述，植物与植物之间可能仅有粗略意义上的"家族相似性"。

在塞奥弗拉斯特看来，树木的部分是有限制的。当提到某植物体是"由类似之部分组成的"，其意思是，尽管根与树干是由同样的元素构成的整体，但如此讨论的部分本身不能再被称为"树干"，只能称作"树干的组分"。这跟动物身体有部件的情形是一样的。也就是说，腿与臂的任何部分在整体上是由同样的元素组成的，但是与肉和骨的情形一样，对它们并不能冠以同样的名称。腿和臂的组分没有特别的名字。任何其他有着均一组成的机体部分，经过再划分，也不再拥有特别的名字，所有这般再次划分出的东西均无名。但是，那些本身为复合的部分，比如果实，再次划分出来，是有名字的。对于脚、手、头，其再次划分的名字有脚趾、手指、鼻子或眼。也就是说，手对于人来讲，是一部分；手指对于手来说也是一部分。但手指再切开成几块，那些小块则不能再称作部分。植物的情况也类似。植物中有些东西的某些部分是构成性的，如树皮、木质和髓心，这些东西均由"类似的部分构成"。进而，有些东西甚至先于这些部分而出现，比如树液、纤维、脉管、果肉。它们对于植物的所有部分都是共同的。因此，植物的根本和全部物质是由这些构成的。（HP1: 15–17）

塞奥弗拉斯特对植物部分的哲学式界定现在看来算不上多高明，但涉及植物解剖的内容，并无什么不当。

还有其他一些内部特征，它们本身没有特别的名字，不过根据它们的外表，参照动物的那些类似部分而起了名字。于是，植物有了对

应于"肌肉"的东西，这种准肌肉连续、易裂并且较长。进而既不会从侧面分出枝也不会接着生长。植物也有"血管"。从其他方面看有些像"肌肉"，但是它们更长、更浓密，并且可以侧向生长及包含湿气。还有木质和肉：有些植物有肉而有些有木质。木质可沿一个方向裂开，而肉质像土或土制的东西可沿任何方向断开。在纤维和脉管之间有中间物，其特性尤其可以从种子上包被的外层覆盖物看到。皮和髓心虽然称谓恰当，但也要进行界定。皮处于外层，与它所覆盖的实体是可分离的。髓心由木质的中间部分形成，顺序由外到内依次为皮、木质和髓心。髓心与骨头的骨髓对应。有人称这一部分为"心"，另一些人称之为"心木"。有的人只把髓心的内侧部分称为"心"，而另一些人把这叫作"骨髓"。

这里我们有了比较完备的"部分"列表，那些后面命名的东西是由前面的"部分"组成的。木质是由纤维和树液组成的，在某些情况下也由肉质组成。因为肉质变硬并转化为木质，比如在棕榈、阿魏（某种大茴香）及其他植物当中，能够发生转化为木质的现象，如同小萝

卜的根。髓心由湿气和肉质组成。在某些情况下皮由所有三种东西组成，如橡树、黑杨和梨树的皮。而葡萄藤的皮由树液和纤维组成，（欧洲）栓皮栎由肉质和树液组成。进而，由这些构成物组成了最重要的部分，即我最先提到的东西、可以称作"组员"的东西。不过，除了构成物以各种方式进行组合之外，所有那些部分并非由相同的构成物组成，也不以同样的比例组成。

此时，我们可以说，考察所有部分，我们必须努力描述它们的差异，以及从整体上看树木和植物的本质特征。（HP1: 21-23）

翻看近现代植物学家的著作，比如德勘多的《植物学基本原理》或萨克斯的《植物学史》，博物学意义上的植物研究大致包括三部分内容：术语界定、分类学、形态描述与植物用途。塞奥弗拉斯特的植物研究无疑对这三大块都有涉及，尤其以对栽培利用的描述见长。以辉格史的眼光看，他在科学分类理论和分类实践方面相对较弱。斯普伦格给出一种简单的解释：那时人们接触的植物总数并不多，不超过1000种。塞奥弗拉斯特能够分辨出500种，半数以上曾在古希腊的诗歌、戏剧和散文中出现过，比如

荷马的史诗中就提到过60多种（帕福德，2008: 16）。塞奥弗拉斯特身边的农民或专家能够分清楚地中海周围的常见植物。因此，客观上希腊人对于一种严密的分类学的需求可能并不很强。分类学真正发展起来，与全球探险和世界的一体化有关。所以自林奈以来出现各种分类体系，显然也与应对数千种甚至更多种以前闻所未闻的种类有直接关系。塞奥弗拉斯特本人旅行的范围不算很大，他的植物收集人旅行的范围比他略广，但还谈不上走出地中海附近地区，没有深入亚洲、非洲，更没有到达美洲、澳洲。对于古希腊植物研究来说，对现代意义上"科""属"概念没有迫切需求。

塞奥弗拉斯特讨论完植物的组成部分，便着手分析植物的"习性"，他特别提到了野生植物与栽培植物的异同。"野生种类似乎能结更多的果，比如野生梨和野生油橄榄，但是栽培植物能产出品质更佳的果，具有一致的风味，更甜更可爱，并且一般来说大小更匀称。"（HP1: 29-31）原因何在呢？塞奥弗拉斯特接着具体讨论了对于博物学十分关键的地方性特征："我们必须考虑到地域性，的确不大可能不这样做。地域上的这些差异似乎能够给出一种划分子类的方式，比如水生植物和旱生植物的区分对应于我们在动物中所做的划分。因

为有些植物只能在湿地生存，也可以按照它们对不同湿地的喜欢程度来区分。于是，有些生长在沼泽中，有些生长在湖水中，另外一些生长在河里，甚至在海里，较小的生长在我们自己的海中，较大的则生长在红海中。人们于是又可以说，有些植物喜欢非常湿的地方，或者说它们是沼泽植物，比如柳树和悬铃木。有些植物在水中则根本无法存活，它们喜欢干旱的地方。有些植株矮小的植物则喜欢在岸边生长。"（HP1: 29–33）不过，塞奥弗拉斯特总是不忘谈到例外的情况："如果人们希望再精确一点，就会发现，即使这样，有些也保持中立，因为它们具有双重性。有的植物稍湿一点或稍干一点都能生长，如小花柽柳、柳、桤木，而另外一些植物既能在旱地生长，有时也能在海水中生长，比如棕榈、海葱和密枝日影兰。但是，考虑所有例外，以及普遍而言总是这样思考问题，并非正确的前进路径。因为若这般思考，大自然也一定不能因此而遵从任何确定而可靠的规律。"（HP1: 31–33）这番阐述暗示了两层意思：第一，我们找到的严格规律，并不表明大自然本身就如此运作，规律只是一种人为抽象的产物。第二，反过来，要获得对大自然的认识，就需要化简，要考虑一般情形，从而概括出有用的规律。这些话语仿佛穿越时空，进入了20世纪80年代科学实在论与工具主义的讨论。

关于植物各个部分之间的差异，塞奥弗拉斯特举出大量例子加以说明。"有的植物一直向上生长，长有很高的茎干，如冷杉、希腊冷杉和柏；有些相对而言斜着生长并且有较短的茎干，如柳、无花果和石榴；也存在着与粗细程度相类似的其他差别。有的长有单一的茎干，而有的长有许多茎干，而这一差别多少对应于侧生长和非侧生长、多枝与少枝之间的差别，如海枣。而在这些具体例子中，我们还会遇到强度、粗细及类似特征之间的差别。有的长有薄皮，如月桂和欧椴，而有的则长有厚皮，如橡树。有的长有光滑的表皮，如苹果树和无花果树，有的则长有粗糙的表皮，如野橡树、栓皮栎和海枣树。不过，所有的植物在年幼时表皮都是比较光滑的，变老的过程中表皮开始变得粗糙；有的表皮裂开，如葡萄；在有些情形中，表皮渐渐脱落，如希腊野苹果和欧洲杨梅。有的表皮是肉质的，如栓皮栎、橡树和杨树，而其他一些植物的表皮多纤维、并不多肉。同样，这些也可以用于分析树、灌木和一年生植物，比如葡萄、芦苇和小麦。有的皮不止一层，如欧椴、冷杉、葡萄、无叶豆和洋葱，而有的只有一层

外套，如无花果、芦苇、毒麦。这些都涉及皮的差别。"（HP1: 35–37）

塞奥弗拉斯特在说明各部分的差异之后，讨论了植物性质和特征方面的差异，包括硬和软、坚韧和脆弱、结构封闭和开放、轻和重。柳木无论何时都很轻，但是黄杨和黑檀在干燥的情况下也不轻。欧洲冷杉易裂，油橄榄的树干则很容易呈现网状撕裂。有些不长节结，如接骨木；而有些长节结，如杉木和欧洲冷杉。"欧洲冷杉之所以易裂开，是因为其纹理是直的；而油橄榄之所以易破裂，是因为其纹理扭曲并且坚固。另一方面欧洲椴树的木材和其他木材易弯曲，是因为它们的树液黏稠。黄杨和黑檀的木材较重是因为其纹理致密，橡木则是因为它包含矿物质。类似地，也可以用某种方式考察其他一些特殊的性质。"（HP1: 37–39）植物的茎心也存在着差异。首先有些有髓心有些则无，比如接骨木就无髓心。茎心分多肉的、木质的或者膜质的。比如在葡萄、无花果树、苹果树、石榴树、接骨木和阿魏中，茎心是多肉的；在欧洲冷杉、杉木中，茎心部是木质的，它们最终会变得含树脂。梾木、铁橡栎、橡树、毒豆、桑树、黑檀、朴树的心材则更硬、更致密。茎心在颜色上也存在差异。

最后讨论到植物的根的差异。有些植物具有许多长根，如无花果树、橡树、悬铃木；另外一些植物具有较少的根，比如石榴树和苹果树；有的长有单一的根，如欧洲冷杉和杉木。扁桃向下长有一条长根，即中央根最长、扎得深；油橄榄中央根较小，但是其他根较大，某种程度上可以说呈横向发展。葡萄的根总是很柔弱。某些植物根深，如橡树；某些植物根浅，如油橄榄、石榴、苹果、柏木。有些植物根直且均匀，有些植物的根则扭曲并彼此交叉。"于此，并不能仅仅解释为它们找不到直线通道；也可能是植物的自然特征使然，比如月桂树和油橄榄。而无花果树和诸如此类的植物的根扭曲，是因为它们不能找到径直前进的通道。"（HP1:41–43）多数盆栽植物长有单根，但有些长有较大的侧根，并且就其大小比例而论，它们比树木的侧根扎得还要深。有些根是肉质的，如小萝卜、芜菁、欧海芋、番红花；而有些根则是木质的，如紫花南芥和罗勒。

《植物探究》也讨论到香水的特性，指出有些香水容易引起头痛。"最清淡的香水是玫瑰香水和凯普洛斯，它们特别适合男人使用，也包括睡莲香水。最适合女人使用的香水来自没药油、迈加雷昂、埃及马郁兰和甜马郁兰、甘松香。因为其特性持久、浓重，不易挥发、

消散掉，而长久散发香气是女人所要求的。"（HP2: 365）

《植物探究》不同于《论植物原因》，主要不在于探讨原因，但也偶有涉及。比如用复合性来解释滋味和气味。"一般说来，气味与滋味类似，均是由于混合。因为任何非复合的东西都闻不出气味，就好像它没有味道一般。简单物质没有气味，如水和火。另一方面土是唯一有气味的基本物质，或者至少在某种程度上与其他东西相比是这样，因为它多多少少比它们更具复合性。"（HP2: 326–327）对于同一类原因，塞奥弗拉斯特也指出，由于量的不同、时间的不同，结果也可以不同，甚至完全相反。"丰沛的雨水对于正在发出叶片、正准备长出花朵的农作物是有益的，但是对正在开花的小麦、大麦和其他谷类却是有害的，因为它会伤害花。"（HP2: 178–181）

2.《论植物原因》（HP）

塞奥弗拉斯特的 CP 确实不等同于后来的植物生理学，一方面它的深度、还原度不够，另一方面它讨论的范围很广。CP 共有六卷，前两卷讨论生殖、发芽、开花和结果，以及气候对植物的影响；中间两卷讨论耕种和农业方法；最后两卷讨论植物繁殖、疾病与死亡原因、独

特的滋味和气味。

"在《植物探究》中我们已经说到植物有数种生殖模式，在那里已经列举出来并做了描述。因为并非所有模式在所有植物中都发生，于是有必要对于不同的组群区分出不同的模式，并且给出原因，基于植物的特别特征进行说明，因为说明首先必须符合那里给出的解释。"（Theophrastus，CP1: 3）接下去讲由种子而来的生殖和由"自发"生长而来的生殖。讲种子生殖时借用了目的论："所有结种子的植物，都可由种子生殖，因为所有种子都能够生殖。这不仅仅看起来显而易见，理论上或许也是一条必要的结论：自然不仅不做无用功，并且做事情首要的是直接服务于其目的，并且为取得其成就毅然决然。此时，种子就具有这种直接性和坚毅性，于是，如果种子不能生殖，它势必在做无用功，因为它总是瞄准着生殖，借由自然生产出来以成就此目的。"（CP1: 3–5）不过，在现实中并非所有人都立即明白这些道理，由于人们经验有限，还存在一些不同的意见。"所有种子均能够生殖，这一点可以算作除个别人外大家都承认的一般性共识。但是因为有些农民并不用种子进行生产（因为植物自发生长成熟得更快，还因为有时树木的种子不像草本植物的种子那样容易获得），有些种

植者基于这些原因而不大确信植物可通过种子繁殖。而实际上，如我们在《植物探究》中说到的，对于柳树，种子繁殖是十分显然的。"（CP1: 5）从这里可以看出，作者借用目的论来说明，但也讲因果关系，比如农民的生产经历，当然也引用观察事实。

《论植物原因》内容的主结构可划分为两部分：（1）植物的自然生长或自发生长；（2）植物借助于技艺（art）的人工辅助生长。前者是植物依据自己的本性来生长，出发点在于其本性。后者的出发点在于人类的精巧和发明。塞奥弗拉斯特提到，在某些条件下有些树木拒绝人工栽种。事情显得有些奇怪：在此情形中，技艺与自然合力而行，植物得到精心照料，它不是应当长得更好，结更多果实吗？塞奥弗拉斯特解释说，这里并没有任何费解之处。要害在于，植物各有特点，每一具体植物的本性都可能有别于其他植物。各种植物也不可能以同样的目的发挥各自结实的潜能，每种植物可能都有自己独特的滋味、气味及其他方面的自然目的（natural goal）。而在农业、果木业中，人们主要考虑气味和滋味两个要素来对植物进行营养调节。于是有理由设想，农业生产有可能不适合某些植物，特别是出于药用的考虑，要人为得到特殊的风味时。

一些草药生长需要的条件，在人工种植环境下可能无法得到充分的满足。植物生长需要最适合其本性的空气（air）和位置（locality）条件，这两者在栽培的情况下难以精确复制。实际上所有的栽培条件多多少少是反自然的。作者还指出，即使对于适合栽培的植物，也不是照料越多越好，过度的照料可能损害植物。对于不同的植物，此限制的程度是不一样的，有些植物则根本不需要人为照料。（CP2: 3-11）

塞奥弗拉斯特用相当的篇幅讨论利用插条进行繁殖。插条应当从年轻或壮年的树上截取，并且在任何情况下都选择最光滑、最直溜、尽可能强壮的枝条，因为这样截取的插条结实、有活力、易萌发。不能选择不够光滑的，比如有结或者暗结的枝条作插条，因为那样的插条比较弱。另一条建议是，尽可能从类似土壤上生长的植株截取插条，如果做不到就从相对贫瘠的土壤上找植株。理由是，在第一种情况下因为土质相似，不易导致插条生长不适应；在第二种情况下，土质由坏变好，相对而言插条能得到更多的营养，因而有利于插条生长。塞奥弗拉斯特据此还提出了更细致的要求：插条植入土壤后的朝向很重要，若原来生长在树上朝向是北南东西，插条植入土壤后也应当保持北南东西的方向

不变。这样做是为了使植物的本性和它的周遭状况尽可能少受扰动。（CP2: 33–37）

关于粪肥的使用，谈到了用量和针对性的问题。施肥可使土壤保持松软，也能让土层保温，这两点都有利于植物快速生长。但关于如何施肥，并非所有专家都有一致的做法。有些人直接把粪与土壤混合，然后把混合物放在插条的四周。另外一些人把粪放在两层土之间，这样既能保持湿度又不至于随雨水而流失。不过所有专家都同意的一点是，粪力不能太刺激、太强劲，而要温和。于是，专家建议主要使用畜粪而不是人粪，粪肥太强，会产生过多的热量，对插条不利。（CP2: 41）后文再次谈到肥料可能造成的副作用：即使有利于树木、为树提供助力的东西，如果积累到太大的数量或强度，或者施肥时间不恰当，都可能毁坏树木。水适合所有植物，而粪肥不同于水，并不适合于所有树木。不同的树木需要的肥料可能不同。即使是水，有时用量过大也可能毁坏树木、让植物烂根。对于小树或者不喜水的柏木，水甚至是毁灭性的。（CP3: 167–169）

在最后一部分中，塞奥弗拉斯特讨论了干湿度对于植物芳香的影响，给出的因果线索甚至有布鲁尔（David Bloor）在论证科学知识社会学强纲领时所举的例子的味道：某一参量变化时其作用的效果可以变得相反。植物放置在适当的地方，处于适当的干湿度，会具有很强的芳香味，因为水已经被从中排除，余下的则调和得较好。干燥事实上对气味有利，所有芳香植物及其部分趋于更干一些。证明如下：（1）大量芳香植物产于较热的地区，它们的芳香味也特别明显，显然在那里它们被调和得更好。（2）有些植物干燥时有气味，而潮湿时则无（如芦苇和灯心草），另外一些植物变干时气味会增强（如鸢尾和草木樨）。不过，并非所有植物及其部分在干燥时都如此，甚至可能出现完全相反的情况。因此我们必须区分两个类群：（1）具弱气味的植物及其部分（一般说来通常对应于花）在潮湿或者新鲜的时候更具芳香，但是放置很长时间后，由于蒸发，气味会变淡。（2）那些气味较重的植物及其部分（通常对应于更具土质的植物）干燥时或者保存一定时间后气味会更强（比如金鸡纳和甘牛至）。对于草本植物，情况也如此。有些植物新鲜时无味，干燥后变得有气味（如豆科植物葫芦巴）。甚至葡萄酒放置一定时间，水分适当分离后，会变得更适合饮用并获得香味。所有这类植物放置后会更芳香。另一方面，有些植物放置后气味会因蒸发而变弱，比如一

些鲜花的香味会变弱变无，还可能变得刺鼻难闻。（*CP3*: 381–389）

对塞奥弗拉斯特植物学著作的研究才刚刚开始，以上只是列举了一小部分来示意他讨论问题的方式。在中国，植物学界、农史界似乎从来没有认真对待塞奥弗拉斯特，也许把他的两部著作翻译成中文是第一步要做的工作。

科学史家劳埃德（罗维）曾概括古希腊学术有两大特点：对自然的发现和理性辩论，即自然态度和自由争辩（劳埃德，2004：7–17）。两者不局限于自然科学，同样贯彻于法律、政治和公共事务领域。"对自然的发现"，首先不是指找到了独立存在的客观自然，而是指一种自然主义态度或者方法，是相对于"超自然"而言的。这一点对西方学术，特别是自然科学的发展极为重要。亚里士多德与塞奥弗拉斯特均有非常典型的自然主义气质，在他们的著作中，几乎没有超自然的话语空间。"希腊人没有受到势力强大且高度组织化的神职人员的阻碍"（帕福德，2008：32），至少这两位顶尖级的学者没有受到神职人员的过多影响。他们能够平衡对待理性与经验，不随便拔高、贬低某一侧面。而中世纪学者有所偏向，对亚氏及其弟子的学说做了极片面化的传承和解释，越来越教条化，不再对经验、体验开放。

当理性在思辨中脱离大地，日益玄学化，学术便僵化、反动。最终需要再一次解放、文艺复兴，才能重新焕发出古希腊的学术活力。

从大尺度上看西方两千多年来的博物发展史，博物学家对自然物的说明，特别是对生物有机体的发生、行为的说明，一共有四类范式：

（1）自然目的或者自然本性范式。代表人物是亚里士多德和塞奥弗拉斯特。

（2）自然神学范式。代表人物是约翰·雷、怀特、佩利。

（3）演化适应范式。代表人物是达尔文、华莱士。

（4）基因综合范式。代表人物是迈尔、E.O. 威尔逊。

其中前两者涉及超自然、神，后两者不涉及超自然力。不过，第一个范式中神并不经常出场，在那里"本性"是主要的。此本性就人的判断而言有善有恶、有好有坏、有精致有非精致等各个方面。即使在第一范式那里，自然主义的色彩依然非常浓，比如塞奥弗拉斯特对植物的说明，虽然形式上不忘讲某某现象依照了其自然本性，但通常情况下还是根据具体情况进行了具体说明。说明中会从内外两方面找原因，特别是追索当地的气候、水质、肥力、风向等条件，把"本地性"当作非常重要的方面加以考虑。

塞奥弗拉斯特被称为"西方植物学之父",并不表示有关植物的知识都源于他一个人。根本不是那样。他撰写植物书之时,古希腊人已经吸收了古巴比伦和古埃及的文明。考古学家发现,公元前 1500 年,古埃及就掌握了大量药用植物知识,有许多药方记录在莎草纸上。有趣的是,这份材料本身还列出了更古老的"参考文献"。公元前 7 世纪亚述王国用古老的苏美尔语写成的尼尼微(Nineveh)碑文上,已经将植物按用途分成 16 大类。但是,塞奥弗拉斯特的著作系统整理了当时的植物知识,并且没有过于强调对植物的应用,虽然字里行间仍然能够看出应用的痕迹。他是如何做到的?这也许只能用一名伟大哲学家的兴趣来解释了。作为哲学家的塞奥弗拉斯特,不可能只关注具体的应用,而置纯粹的知识于不顾,那不符合吕克昂学园钻研学问的宗旨。但是,与通常的哲学家又非常不同的是,塞奥弗拉斯特几乎处处从经验事实出发,没有脱离实际生产和生活来抽象地议论学术。

如今主流哲学走向了哪里?是否可以从先哲亚里士多德、塞奥弗拉斯特的做法得到启示呢?四体不勤、五谷不分毕竟不是对学者的美誉,如今哲学家要对全球问题、生态保护、可持续发展、人工智能的未来发表见解或者对专家的看法提出批评,恐怕要走出当下学院派哲学的泥淖。

(此文曾提交 2016 年 8 月古希腊罗马哲学会议、中国自然辩证法研究会七届五次理事会暨 2016 年学术年会,全文收录于后者的会议文集)

参考文献

北京大学哲学系外国哲学史教研室编译 . 古希腊罗马哲学 . 北京:商务印书馆,1982.

柏拉图 . 巴曼尼得斯篇 . 陈康译 . 北京:商务印书馆,1982.

策勒尔 . 古希腊哲学史纲 . 翁绍军译 . 上海:上海人民出版社,2007.

娥满 . 从民间信仰看藏族灵魂观中的自然主义倾向 . 昆明理工大学学报(社会科学版), 2015, 05: 96–101.

赫胥黎主编 . 伟大的博物学家 . 王晨译 . 北京:商务印书馆,2015.

劳埃德 . 早期希腊科学 . 孙小淳译 . 上海:上海科技教育出版社,2004.

刘创馥 . 亚里士多德范畴论,台湾大学文史哲学报,2010(72):67–95.

苗力田. 古希腊哲学. 北京：中国人民大学出版社, 1990.

默雷. 古希腊文学史. 上海：上海译文出版社, 1988.

帕福德. 植物的故事. 周继岚, 刘路明译. 北京：生活·读书·新知三联书店, 2008.

瓦格纳. 中世纪的自由七艺. 张卜天译. 长沙：湖南科学技术出版社, 2016.

王泉, 陈婧. "历史"考辨. 辞书研究, 2013, 6: 80-82.

先刚. 柏拉图的本原学说. 北京：生活·读书·新知三联书店, 2014.

徐松岩. 希罗多德《历史》中译本序. 北京：中信出版社, 2013.

亚里士多德. 亚里士多德全集第六卷（论颜色, 论声音等）. 苗力田主编, 王成光、高小强、徐开来等译. 北京：中国人民大学出版社, 1995. 引用时简记为 A6.

亚里士多德. 亚里士多德全集第四卷（动物志）, 苗力田主编, 崔延强译. 北京：中国人民大学出版社, 1996. 引用时简记为 A4.

亚里士多德. 亚里士多德全集第五卷（论动物部分, 论动物运动, 论动物行进, 论动物生成）. 苗力田主编, 崔延强译. 北京：中国人民大学出版社, 1997. 引用时简记为 A5.

Balme, D. Genos and Eidos in Aristotle's Biology. *The Classical Quarterly*, 1962, 12: 81-88.

Candolle, A.P. de and Sprengel, K. *Elements of the Philosophy of Plants Containing the Principles of Scientific Botany*, Edinburgh: William Blackwood, Kessinger Publishing, (1821) 2015 年影印本.

Fortenbaugh, William W.*et al. Theophrastus of Eresus: Sources for His Life, Writings, Thought and Influence*. Part One. Leiden: E.J. Brill, 1992a.

Fortenbaugh, William W. *et al. Theophrastus of Eresus: Sources for His Life, Writings, Thought and Influence*. Part Two. Leiden: E.J. Brill, 1992b.

French, R. *Ancient Natural History*. London and New York: Routledge, 1994.

Janick，J. The Pear in History, Literature, Popular Culture, and Art. *Proceedings of the 8th International Symposium on Pear*, 2002.

Priscian. On Theophrastus on sense-perception. Translated by Pamela Huby. Ithaca, New York: Cornell University Press, 1997.

Ross, W.D.. *Aristotle's Metaphysics*. http://classics.mit.edu/Aristotle/metaphysics.7.vii.html. 访问时间：2015.11.12.

Theophrastus. *Enquiry into Plants and Minor Works on Odours and Weather Signs*. Vol.1: Books I–V. Edited and Translated by A.F. Hort. Loeb Classical Library 070. Cambridge, MA: Harvard University Press, 1916. 引用时简记为 *HP*1.

Theophrastus. *Enquiry into Plants and Minor Works on Odours and Weather Signs*. Vol.2: Books VI–IX. Edited and Translated by A.F. Hort. Loeb Classical Library 079. Cambridge, MA: Harvard University Press, 1926. 引用时简记为 *HP*2.

Theophrastus. *De Causis Plantarum*. Vol.1: Books I–II. Edited and Translated by B. Einarson and

G.K.K. Link. Loeb Classical Library 471. Cambridge, MA: Harvard University Press, 1976. 引用时简记为 *CP*1.

Theophrastus. *De Causis Plantarum*. Vol.2: Books III–IV. Edited and Translated by B. Einarson and G.K.K. Link. Loeb Classical Library 474. Cambridge, MA: Harvard University Press, 1990a. 引用时简记为 *CP*2.

Theophrastus. *De Causis Plantarum*. Vol.3: Books V–VI. Edited and Translated by B. Einarson and G.K.K. Link. Loeb Classical Library 475. Cambridge, MA: Harvard University Press, 1990b. 引用时简记为 *CP*3.

Theophrastus. *Characters*. Edited and Translated by J. Rustin and I.C. Cunningham. Loeb Classical Library 225. Cambridge, MA: Harvard University Press, 2002.

Woods，M. Form, Species, and Predication in Aristotle. *Synthese*, 1993, 96(03): 399–415.

Witt, C. Book Review: Aristotle's Classification of Animals. *The Philosophical Review*, 1989, 98(04): 543–544.

纵横

跟着卢梭学习植物学

林捷

《植物学通信》是一本我非常喜欢的书，我读过多次，每次读都很有收获。

作者卢梭是法国 18 世纪伟大的启蒙思想家、哲学家、教育家、文学家，18 世纪法国大革命的思想先驱，杰出的民主政论家和浪漫主义文学流派的开创者，启蒙运动最卓越的代表人物之一。主要著作有《论人类不平等的起源和基础》《社会契约论》《爱弥儿》《忏悔录》等。但是从《植物学通信》这本书中我们看到，他还是一位植物学家。关于对卢梭的认识，我曾经在刘华杰老师的《博物人生》中看到这样一段话：

许多年以后，通过植物学、博物学我再次追索到卢梭。一开始我甚至怀疑，还是那个卢梭吗？偶然

间，我发现卢梭特别喜欢植物，还留下了许多关于植物的描述。先是读容易找到的卢梭的《孤独漫步者的遐想》，果然卢梭在大谈植物学。然后重读《忏悔录》和特鲁松的《卢梭传》，发现了从前完全没有在意的方面：他竟然曾经想成为一名植物学家。植物学对于卢梭有"精神治疗"的含义，观赏植物、研究植物有助于抑制他的神经质。植物、植物学让他心境平和，孩子气十足，从而忘却生活中的那些不快和恶人。

《植物学通信》创作于卢梭晚年，书中的通信名义上是写给一个五岁小女孩的，但实际上是向广大读者介绍植物学的研究心得。这些信件最早在学术沙

龙中流传，直到 1781 年才在日内瓦正式出版，并引起剑桥大学植物学教授马丁的关注。马丁在 1785 年推出英译本，在英语世界影响巨大，许多社会名流都通过卢梭的这部书而了解植物学。

这本书是刘华杰老师从国外带回来以后，让他的学生熊姣博士翻译的，全书由 8 篇"通信"及 3 篇"通信续篇"构成，最后附上了卢梭编的"词典"。前面六封信用生动、细致的笔触描述了植物家族中百合科、十字花科、豆科、菊科、伞形科、唇形科的识别特征，后面是一些通信往来，还有标本的制作方法，解释了很多植物学术语。

下面就让我们像一个五岁的小孩子一样，跟着《植物学通信》，来领会卢梭学习植物学的方法，感受植物学的博大精深。

其一是观察。学习植物学，不停地观察是最基本的学习方法。从这本书中，我们可以感受到卢梭对植物的观察是多么的细致入微，可以说不放过任何一个细节。所以对于书中的描述，我们还要脑补很多画面，最好是配合大自然的无字之书。正如作者本人在书中所说的那样，等到适当的时候，他会推荐一些参考书，但是在入门阶段，你要有耐心，要满足于仅仅阅读自然这本书，并且只以通信为指导。

在书中，我们可以总结出观察植物的方法，一是对植物本身，无论是对花还是果的观察，都是非常到位的。例如对老鹳草，作者的描述是这样的："老鹳草的花中有 5 根花柱，果实由 5 个果荚构成，5 个果荚虽然挨在一起，但是除了顶端的长须之外，彼此并不相连。这样，当果实成熟时，5 个果荚的底部分离，从下朝上卷起，最后全部围成一圈，最顶端连在一起，就像一架构造极其精巧的枝形吊灯，或是一座大烛台。"我刚好拍到了野老鹳草的果子，大家可以对照一下。二是在观察的过程中还融合比较，例如比较豌豆荚果与十字花科桂竹香的长角果之间的差别，菊科植物的舌状花与管状花的区别。三是观察需要一个过程，不仅要观察它们的花，而且要观察它们的果子。例如，卢梭说："对于豌豆花，我们需要摘取一些豌豆花来逐一解剖，而且还须追踪豌豆花结果的全部过程，从花蕾初绽，一直到果实渐成。"四是观察需要借助一些工具。对于有些花，我们需要借助放大镜来观察。卢梭认为放大镜这种仪器是任何植物学家都不可缺少的，其重要性远甚于针和剪刀。

其二是分类学入门。这本书一共讲了六个科：百合科、十字花科、豆科、唇形科、伞形科、菊科，作者对这六个

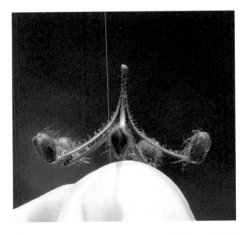

野老鹳草的果子

科的识别要点进行了全方位的分析。通过作者的描述，我们对一朵花的认识，从单纯看花，到进入花的微观世界，知道花的结构，对于植物小白来说，可以说是打开了分类学的大门。例如对百合科的解读：雄蕊数目为 6 个，有时仅为 3 个，花被具有 6 瓣或是裂成 6 片，果皮三角状，具有 3 小室，而且百合科的花缺少花萼，茎均为单生，鲜有分枝，叶片完整，绝无齿缺。正如卢梭所说："如果你花点心思探寻这些细微之处，并通过反复观察逐渐熟悉，你就能凭借细致而持久地观察来判断一株植物是否属于百合科。"

其三是植物学概念解读。本书用通俗易懂的语言讲述了很多植物学概念。作者并不是把一些概念单独拿出来讲，而是放在一个整体中，就如同我们背英语单词，如果是单个的一个一个背，那难度肯定是很大的，但是当把单词放置在一个句子中，或者放置在一个场景中时，就好理解多了。同样的道理，对于什么叫作离瓣花、合瓣花、花萼、长角果、短角果，作者在描述中，都是通过实际的花来给我们讲述的，所以一点也没有陌生感，而且给了我们很强的画面感。

其四是描述方法。整本书的语言非常优美，我们对植物志上的描述，往往没有耐心全部看完，但同样是描述植物科目的基本特征,卢梭的语言却非常优美,用到了很多修辞手法。对于龙骨瓣,卢梭的描绘是这样的:"龙骨瓣就像一个坚固的保险箱,大自然把自己的宝藏安放在里面,防止受到风雨的侵袭。"对于植物的花香和花粉,卢梭说:"每个花药都是一个小盒子,成熟时即会打开并释放出一种具有浓烈香味的黄色粉末。"

其五是花中的哲学观念。在卢梭的描述中,我们从一朵花的身上,看到了作者的哲学理念,正如刘华杰老师在《看花是种世界观》中所说的那样,看花是手段、过程、现象,后面还有个体生活、集体生存、天人共生的环环相扣的理念。

《植物学通信》中提到:不要把植物学看得比它本身更重要。换句话说,不要把植物学当成一种满足欲望的工具。他说:"我亲爱的朋友,你一定不要给予植物学一种它本身所不具有的重要性。这是一种纯粹出于好奇的研究,除了一个喜欢思考、心性敏感的人,通过观察自然和宇宙的神奇所能得到的欢乐之外,它没有任何实际的用处。"其实植物学对于卢梭有"精神治疗"的含义,观赏植物、研究植物有助于抑制他个性中的过度敏感和抑郁。诚如卢梭所言:"不管对哪个年龄段的人来说,探究自然奥秘都能使人避免沉迷于肤浅的娱乐,并平息激情引起的骚动,用一种

最值得灵魂深思的对象来充实灵魂,给灵魂提供一种有益的养料。"植物和植物学让他心境平和、稚气十足,从而忘却生活中的那些不快和烦恼,经常感到心静如水、淡定自若。我相信这一点,我们在观察植物的时候也深有同感,与大自然相处让我们心态平和,让心灵在喧嚣的俗世中有归宿感。

从书中我们也看到了,卢梭是很讨厌重瓣花的。就重瓣花的问题而言,他说重瓣花虽然长得很好看,但"都是一些畸形的怪物",结不出果实,所以他建议不要浪费时间去观察这些重瓣花。这其实关系到卢梭最重要的一个思想,就是"自然"的概念。他提出"人类已经生产出很多非自然的东西,以便自己使用起来更方便,这一点无可厚非,然而毫无疑问的是,人类常常是在损毁这些东西,当他自以为是在亲手创作的作品中真正地研究自然时,他其实是在自欺欺人。"卢梭在书中不止一处表达了崇尚自然的理念,他说,在观察中,"我们看到变形和一连串的奇观,这种奇观能引起每一位敏锐的观察者长久的敬慕之情。"

书中还有大量精美的手绘图片,这是法国 19 世纪著名插画家雷杜德的手绘作品。当你读到卢梭用那种优美的语言解读一朵花的时候,你才会感觉到,

那些相机虽然像素很高，但是当面对一朵花如此精巧的结构的时候，是多么无力啊，必须要配上插画师手绘的细节图。

书看完了，我希望大家也记住卢梭在书中所说的："我们要恰当地认识一种植物，就必须亲自观察它的生长。在我们植物学研究中，一刻的耽误就会导致整整一年的延迟。"

路亚是钓鱼界的高尔夫

王铮

大家好，我是王铮，现在大家可以放松一下，不用认真记笔记了，因为我今天给大家讲的是我自己怎么玩的事。我是 70 后，我觉得我们这个年代的人挺悲哀的，小时候受的幼儿教育里兴趣班比较少，没有给我们培养出特别好的兴趣爱好。我小时候唯一的爱好就是钓鱼——这是被我妈禁止的，两个原因：一个原因是在水边很危险；另一个原因就是这是一个没有用的爱好。可能跟大多数人一样，我上学、工作、结婚，差不多把爸妈比较关注的事情都做完了之后，终于有精力、有时间干我想干的事了。也就是在这个时候，一种新的钓鱼方式吸引了我，这就是路亚钓鱼。

一说钓鱼，大家可能有个印象，就是一整天坐在河边，一根鱼竿，鱼线上面拴上蚯蚓，然后等待鱼上钩，钓的主要是鲫鱼和鲤鱼。而路亚钓鱼不同。首先在于它钓的是掠食性的鱼类，也就是吃鱼的鱼。另外，它用的饵不是真饵，而是假饵。假饵就是用塑料、金属（也包括羽毛）做成的这种鱼类的仿生食物，然后通过抛线、收轮、收线，模仿小鱼游动的样子，吸引这种掠食性鱼类来捕食。其次，传统钓鱼主要利用鱼的视觉和嗅觉，而路亚钓鱼更多的是利用鱼类特有的一种感受器官，就是侧线。侧线是一连串的小点构成的神经系统，它能感受到水的压力振动变化，当假饵落入水中游动并产生振动的时候，鱼就会感知到，就会来主动攻击。路亚钓鱼最吸引我的是，你不用在那坐一天，你要一直走，不断地走，去主动地搜寻鱼可能

马口鱼 姜辛摄影

Opsariichthys uncirostris uncirostris

马口鱼 长岛祐成（Yusei Nagashima）绘制

在的位置。我曾经用 GPS 记录过我某一天钓鱼的行程，大概用了 4 个小时，步行 10 公里。但是别忘了，这 10 公里我要涉水，还要爬到岸上、爬到岸下，所以运动量相当大。

北京其实没有什么大江大河，宽度基本不会超过 30 米，算是溪流吧。但就在这种溪流里，生活着我要钓的主要的对象——马口鱼。马口鱼之所以得名马口，是因为它的嘴比较奇怪，从左页图中可以看到，它嘴上有马鞍形的凸凹，形象比较凶猛。马口鱼对氧气的需求量很高，水质也要求达到极致。氧气量需求高，就需要水的流动性比较好，翻腾奔流的溪流才能提供足够的氧气。马口鱼对水质要求比较高，是衡量水质变化的金丝雀。它远离有人类活动的水域，生活在远离北京的山区溪流中，那里山势错落、水质清新。它是一种快速游动的鱼类，喜欢隐藏在溪流的石头下，或者是在水潭入口流水急的地方捕猎。

马口鱼最活跃的时候是每年的春天，这不难理解，因为蛰伏一个冬天之后非常饥饿，它会从深水处游到小溪里。这个时候钓马口鱼是非常简单的，你只要把假饵抛到石头边，或者是急流处，均匀地收线，然后马口鱼就会迫不及待地出来，不断地咬饵。等马口鱼吃饱之后，大概 5 月份的时候，它们就进入恋爱、繁殖的季节。在繁殖季节，雄鱼会披上特有的"婚姻色"。这个婚姻色在马口鱼身上体现在哪儿呢？一个是它身上金属色的竖条纹，它的鱼鳍都会变成桃红色；还有一个显著的特征，是在它的头部，包括鱼鳍上，会有突起的珠星，非常漂亮。雄性马口鱼会在浅滩沙质的水底，用身体扫出一个坑洼，然后引诱和驱赶雌鱼来交配。浅滩很浅，鱼鳍都会露出水面，所以水的变化对马口鱼的繁殖有极大的影响。我曾经在永定河幽州村观察到一群马口鱼交配，它们特别认真，不管我怎么用鱼饵引诱，它们都不搭理我。这个时候很少能钓到大鱼，钓到的都是一些未成年的马口鱼。我后来又去了一次，想用水下相机去拍摄，但是发现那个浅滩消失了，因为旁边要修一座桥。可见水位的小小变化就会影响这种鱼的繁殖和生长。

马口鱼最大的体长接近 40 厘米，我在北京钓的马口鱼最大的接近 30 厘米，算是北京河流里的顶级掠食性鱼类了。南方同学看到我发的照片之后，狠狠地鄙视了我一下，那么小的一条鱼也值得我花那么多时间和精力去钓？的确，南方的鱼类资源丰富，体形也大，1 米以上的大翘嘴才值得拿出来炫耀——也是用路亚钓法钓的。看看我钓的鱼，只有手掌大，心里很不忿。我就回了一句，我说："大鱼有大鱼的刺激，小鱼有小鱼的精彩。"这句话我不知道他信不信，反正我是深信不疑。路亚被称作钓鱼界的高尔夫，为什么呢？"高尔夫"在荷兰语中的意思是"在绿色新鲜氧气当中的美好生活"。高尔夫最让人享受的，就是有一个精美的球场，与自然融为一体。路亚的场所，是大自然创造的，是世界上最伟大的设计师设计建造的，这是一种非常美的享受。另外，跟高尔夫运动一样，路亚讲求抛竿的精确性。因为河很窄，有时候可能只有10米，岸边植物又繁茂，你要想在不惊扰鱼的情况下把假饵抛到你要抛的位置，就需要有很精准的控制，所以每当特别精准地抛到目标位置之后，那种喜悦就跟打高尔夫球一下上了果岭的感觉差不多。了解马口鱼生活习性，也是极大的乐趣。你要想钓得多、钓得好，就要有"鱼感"。你要想钓到一条鱼，就要了解它的生活史，知道它每个季节是什么样子，什么时候活跃，什么时候繁殖，每天什么时候出来掠食，它喜欢吃什么东西，喜欢躲藏在什么地方，然后不断地去搜索，不断地去印证自己的判断。这时候，我会忘记一切，有些时候，甚至觉得自己就是我要捉的那条鱼。鱼在自然环境里的生活也许比我们人类更艰辛，我钓鱼钓了这么长时间，长到20厘米，大概2

年以上的马口鱼，是比较少见的，我觉得十条里也就有一条，一般都是1年生、10厘米的。再加上孵化中七七八八的损耗，钓一条20厘米的马口鱼，概率差不多是万里挑一。所以我钓上来的鱼基本上都会放流，我不会去吃这个东西。这事挨过好多人说，他们不理解，觉得钓鱼就该把鱼带回来，吃吃这种野生鱼的滋味。

我们的祖先最开始钓鱼是为了生存，我们过了很长一段时间的渔猎生活。但是随着工具的发展，尤其是到秦汉以后，我们祖先很聪明，已经能养鱼了，不需要再去大自然中捕猎鱼的时候，钓鱼就完全成了一种休闲娱乐和消遣的活动。现在钓鱼在美国也发展成了分为总决赛、分站赛，奖金高达百万的职业运动。从运动的角度来说，马口鱼是我们的对手，是我们的伙伴，也是我们的朋友，我觉得任何一种运动，绝对不能以杀死对手为最终目标。但是有人说，你拿鱼当对手，这个不高级嘛。经过我这么长时间的接触，我觉得马口鱼是一种有性格、有社交活动的鱼类，为什么这么说呢？因为首先马口鱼有领地，尤其是20厘米以上的，往往在一个大石头周边，有一条鱼藏在那儿，你把它钓走之后，周边再不会钓到其他鱼，说明它有自己的属地。其次，大家听过传言，

大鳍鲭鲅　王松摄影

高体鲭鲅　王松摄影

彩石鲭鲅　王松摄影

说鱼的记忆只有7秒，我觉得这有点胡说。为什么？因为我曾经在一个地方钓到过很多条鱼，都放流了，一年多以后我回到那里，在同样的位置再也没钓到过鱼。所以我相信鱼的记忆力应该是一年，甚至一年以上。还有一个说法是，

马口鱼在小的时候没有那么强的力量和速度，它们是群体配合来进行捕猎的，它们会把小鱼围聚在浅滩上，让小鱼搁浅，然后再出来猎食，所以它们是有社交和组织协调的。在养这种原生鱼的过程中，我也有特别深刻的体会，它跟专门用于观赏的鱼是有区别的。它很神经质，特别容易受到干扰，对主人非常地熟悉，你穿着的衣服、你动作的频率，都会影响它进食；换一个新的频率，它马上会躲起来，不会进来采食。所以在我的感觉和认识当中，鱼是一种高级的动物。

路亚钓鱼的对象主要有这么几种：马口鱼、鲇鱼、翘嘴、黑鱼。北京的资源的确有限，但除了这些路亚鱼种之外，我还遇到过形形色色其他的鱼。北京的原生鱼的资源可能超乎我们的想象，而且美丽的程度也超乎我们的想象。左边的图片是一个鱼缸里的三种鱼。鲭鲅鱼，是非常常见的鱼类，它非常普通，在国外绝对是观赏鱼，但在国内主要煎炸食用。这是三种鲭鲅鱼：大鳍鲭鲅、彩石鲭鲅、高体鲭鲅。它们应该说是亲兄弟三人，怎么说呢？外表接近，但是又各有特点，性格也有差异。我依次给大家说一说。第一种是大鳍鱼，大鳍鲭鲅特别像这三种鲭鲅当中的兄长，它行动很镇定，甚至有点迟缓，它最喜欢的就是

迎着水流，把自己的鱼鳍张开，在这儿悠闲地晃一晃，它的标志就是位于侧线上方的黑斑。老二高体鳑鲏举止优雅，身上的颜色也最为艳丽，有红色、湛蓝色，非常漂亮，具有金属的那种光泽。而且它的性格跟外表相符，它很优雅，总是有节奏地在石头上吃青苔，就像拿刀叉吃饭的那种感觉。老三彩石鳑鲏特别调皮，总是成群地打闹，特别明显——别的鳑鲏可能三两成群，它们总是四五条聚在一块儿，绝大部分时间凑在一起，追追打打，特别顽皮。

下面这种鱼是重唇鱼，重唇鱼对我来说算是个奇遇，因为之前看各种论坛、各种书上说的，大家都认为这种鱼不是路亚钓鱼的对象，但是我在北京钓到过。那天我很早就到了河边，大概7点多钟吧。我找了一个水流较急的地方抛竿，鱼竿当时"嘣"的一声，然后就没有动静了。我以为是挂在石头上了，然后又觉得变沉了，但是没有感觉到挣扎。我又以为是挂了树枝一类，结果出水一看，

重唇鱼　王松摄影

是一条大鱼，还不小。拿上来之后就奇怪这是哪种鱼呀？它的嘴巴特别厚，像鲤鱼的嘴唇，但身体又像马口，当时我觉得简直不可描述。拍照片大惊小怪地四处问，最后才知道是重唇鱼。其实这个鱼我在图谱里看到过，但是真实的鱼拿在手里的时候，跟看图片是完全不同的感觉；菜市场上的鱼也都是失去了颜色和光泽的，所以我说鱼最美的时候就是在水里游的时候，照片不管怎么拍，我觉得都拍不出那个神韵。跟我一块钓鱼的高中同学"老七"钓获的一条30厘米的重唇鱼，差不多是我们北京路亚生涯中的最高纪录。后来我们把这条鱼放在鱼缸里，进行拍照、饲养，我就发现这条鱼跟教科书上记录的不太一样。教科书上说这是一种杂食性的鱼，以无脊椎的小虾一类东西为食，但实际上它虽然外表呆萌，却是个特别凶悍的杀手。这条鱼在我们的鱼缸里获得了优待，又增长了2厘米之后，我们把它放流在白河峡谷的最深处。

这是宽鳍鱲，非常漂亮，现在是原生鱼饲养中一个热门的品种。它跟马口鱼是亲兄弟，属于同一个亚科，但是它跟马口鱼有很明显的差异。首先是外表：它的嘴不一样，形状没有那么古怪；另外，马口鱼嘴边的珠星是白色的，宽鳍鱲的是黑色的，特别像小朋友吃完巧克

宽鳍鱲　王松摄影

力没擦嘴的那种状态。宽鳍鱲虽然跟马口鱼是亲戚，但是它对氧气的需求量比马口鱼还要高，游速也比马口鱼快，所以它在生活区域上跟马口鱼有比较明显的差异。

以上介绍的几种鱼都是鲤科的，生活在同样的流域里，但是因为它们的食性不同，在同一个河段中，它们都有自己的属地。比较靠上、水流最急的地方，是宽鳍鱲喜欢掠食的地方；稍微靠下一点、石头比较密布的地方，是马口鱼和重唇鱼喜欢掠食的位置；而水流比较缓慢、水草丰盛的地方呢，则是鳑鲏鱼的属地。所以有时候我们想关注生物的演化过程，其实没必要花钱去加拉帕戈斯群岛看那个蜥蜴是怎么变化的，生物的

这种变化可能就在我们身边。

据记载，北京的鱼类原来还是很丰富的，史料上记载有85种，但是现在很多消失了，一般野外能采集到的大概有48种。大家可能不敢想象，北京以前曾经有过海马的记录，曾经有过鳗鲡的记录，这些都是海里的鱼，但是后来可能因为修水坝，把鱼的洄游路线切断了。这个可以理解，但影响鱼类生活的最主要的还是北京水质和水量的变化——有好水才能有好鱼。下面我给大家介绍一下北京河流的大概情况。北京三面环山，河流就在这些山谷当中穿行；河流穿行的主要原则就是哪儿脆弱就往哪儿走，所以基本上是沿着山川的断裂带行走。虽然统称北京的山，但实际上北京的山

北京河流图　姜辛绘图

千奇百怪、形形色色，河水在峡谷当中给山削出了一个剖面，每当你钓鱼的时候在河谷当中行走，你都会更深入地了解山的来历，了解河流是如何形成的。我最开始钓鱼的时候不知道该去哪儿钓鱼，其实方法很简单，哪儿有水就去哪儿钓鱼。北京有88条河流，我就按着地图上的蓝线，开车不断去找。北京大概有几大水系，黄色的部分是永定河，是北京的母亲河，现在北京的这块土地就是它冲击塑造而成的，现在知名的颐和园、玉渊潭这些水域，其实都是它原来的古河道。左下方是拒马河。拒马河只有一段在北京境内，就是十渡那个位置。拒马河也很有特点，就是冬季不结冰，而且生物和植被类型跟其他地方有区别，大家有机会可以自己去实地看一看。绿色部分就是潮白河，潮白河实际上是北京城市的生命线，它的水量最大，水质最好。潮河和白河汇集成了密云水库，是北京主要的供水源。右边紫色的部分是沟河，沟河横跨河北、天津和北京，它在北京境内的流域是最短的。由于农业灌溉用水量比较大，所以现在沟河在北京境内的部分基本上是干涸的。红色部分是北运河，大家可能不熟悉，但实际上应该是最熟悉的一条河，它就在我们的身边。它曾经是非常著名的一条水系，但是因为人类的影响和破坏，现在北运河基本沦为排污泄洪的水道。

我给大家介绍北京必游的两条峡谷。第一个是永定河峡谷。永定河峡谷有两个特点，一是陡峭，二是它的面貌还是20世纪80年代的状态。那边有个村子，有绿皮火车开过去，大家可以去看一看。这个村子是建在悬崖壁上的幽州村，号称"北京的郭亮村"。村子里的公路算是挂壁公路，很简朴，非常窄，只能让一辆车通行，两辆车相遇的时候需要有人来指挥才能通过。永定河曾经是一条要道，所以以前出关需要从这儿穿行，在现代，永定河上也是桥多、隧道多。我要介绍的第二个峡谷就是白河峡谷。白河叫白河是有原因的，因为它在火山岩中穿行，岩石都是整块整块的，白色，非常漂亮。下页图是在白河峡谷拍的一张照片，地点位于北京的云蒙山，是地质上非常著名的一个点。这是我航拍的白河在云蒙山最高处的一个弯曲。

在白河你能看到断裂带，因为河的左岸和右岸两边的岩石是完全不一样的，这边是整块的火山岩，那边是沉积岩，水就是沿着岩石中间最脆弱的地带穿越过来的。从延庆的白河堡水库，开车沿山路走，一直到密云水库，这条路号称"百里画廊"，秋天时候的确非常漂亮。

在北京周边游历这么长时间，其实我挺诧异的。在我印象中，北京就是一个钢筋水泥的都市，没想到居然有这么美的四季，这么美的自然生态。在白河一段典型的河床上，大家可以看到，表面漂浮的是浮水植物，下面还有沉水植物，岸边的芦苇、香蒲之类都是挺水植物，非常清晰，层次分明。就在北京的这些河谷中，孕育了很多对于北京来说很重要的动物和植物。比如北京水毛茛，是北京八种一类野生保护植物中唯一的水生植物，它对水质和环境极其挑剔，花很小，只有小指甲那么大。还有槭叶铁线莲，也是一类保护植物，它在陡峭的悬崖上没有土壤的地方扎根生长，而且是北京春天开花比较早的植物，春天别的花还没开放的时候，就能看到崖壁上像白雪一样一片一片的。十渡的拒马河边这种花特别多，北京郊区最近的观花地点应该是在门头沟。永定河担礼大桥石壁上也有很多。

下页照片上的花生长在峡谷的山

永定河峡谷　姜辛摄影

白河峡谷　姜辛摄影

北京水毛茛　姜辛摄影

槭叶铁线莲　姜辛摄影

翠雀　姜辛摄影

顶，我拍这张照片，是在 11 月 1 日，那个时候所有的草木都已经枯黄了，而这种花在山顶的寒风中绽放。它叫翠雀，特别像一只紫色的鸽子。教科书里说翠雀的开花期是 5 月到 8 月，但是我在 11 月份拍到了它开花。

钓了这么长时间的鱼，我觉得钓鱼给我带来的最大的快乐就是让我享受了自然；最大的收获是聚拢了一些跟我有相同爱好的朋友，其中有擅长养鱼和拍摄的王松、陪我一起钓鱼的高中同学"老七"，还有后来一直鼓励和支持我的刘华杰教授，他是国内博物生存的倡导者。在他们的鼓励下，我把这段钓鱼的经历写成了一本书，叫《北京路亚记》，而且获得了"大鹏自然好书"的年度博物奖。

很多人说，每天开那么远的车钓鱼，最后钓了几条小鱼，然后又不吃，到底为了什么？我觉得咱们可以从基因角度探讨一下。人类的行为是可以影响遗传的，在渔猎时代，男人钓鱼，女人负责采集食物，这种行动深深地烙刻在我们的基因里，所以大家能看到，钓鱼的 95% 以上都是男士。女人是食物采集者，现在可能大家也能看到，女人更喜欢购物，这都是那个时候遗传下来的。钓鱼实际上是我探索自然的一种手段，一开始是探索鱼，到后来真的就不在乎能不能钓到鱼、钓的鱼是大还是小了，我把

白河四季　姜辛摄影

钓鱼作为我探索自然的一种手段，它是我走出城市、走进自然的动力。

钓鱼给我们一家人的生活也带来了很大的改变。自从开始钓鱼之后，我媳妇周末再也不逛商场了，她现在在自然界中表现得特别像一个食物采集者，最爱问的问题是："这个能吃吗？那个能吃吗？"因为钓鱼，她学了摄影，每天拍拍花拍拍草，现在成为我贴身的御用摄影师。自从我儿子跟我们去钓鱼之后，他妈妈再也不担心他的学习了。他周末不用上辅导班，最大的乐趣就是跟着我们坐几个小时的车去郊区游玩。在自然界里，孩子表现得特别勤学好问，让你觉得小朋友特别有前途，不像在城市里，今天要这个玩具，明天要那个玩具。他会追着你问："爸爸，这个是什么？那个是什么？"你会特别地欣慰。其实反过来想一想，我媳妇和儿子乃至我们一家人在大自然中的这种转变也是可以理解的，因为我们每个人都是自然的人，我们都有这种自然天性。虽然我们是普通人，不是专业人士，但是我们都有这种去"博物"、去探索自然的冲动，也都有这种能力。最后希望，某一天在某一处河边，大家以后能碰见我们一家人，看到我们快乐地玩耍，拍花的拍花，挖土的挖土。谢谢大家！

（根据一席演讲记录稿修订）

林奈的使命与时代

徐保军

1.《林奈传》[1] 的引入背景及价值

在博物学的历史时空中，17、18世纪是一个相对繁荣的时代，追寻自然秩序是这一时期博物学家的共同目标，这个时期也涌现出一大批伟大的博物学家，约翰·雷（John Ray，1627—1705）、约瑟夫·德图内福尔（Joseph Pitton de Tournefort，1656—1708）、瓦扬（Sébastien Vaillant，1669—1722）、林奈（Carl Linnaeus，1707—1778）、布丰（Comte de Georges-Louis Leclerc Buffon，1707—1788）等群星闪耀。就对后世博物学的影响而言，林奈无疑是其中最重要的一位，林奈的《植物种志》（*Species Plantarum*，1753）、《自然系统》（*Systema Naturae*，1758 年第十版）分别成为现代植物命名法、动物命名法的起点，构成了现代动植物分类和命名的基础。据此，如果给林奈的历史地位做一个界定，"里程碑"之类的褒扬并不过誉。

对于如此重要的一个人物，人们自然想当然地认为，关于林奈及其工作的介绍即便谈不上汗牛充栋，也应该十分丰富。事实的确如此，西文世界中关于林奈的研究并不少见，尤其是在生物学领域，长期以来，关于林奈的文献数量之多可能仅次于达尔文。林奈于 1778 年逝世，林奈学会于 1788 年在伦敦成立，至今仍在生物学领域内影响甚广。相应地，关于林奈的外文传记并不稀缺，早

---

[1] 〔英〕维尔弗里德·布兰特.林奈传——才华横溢的博物学家.徐保军译.北京：商务印书馆，2017.本文中简称《林奈传》。

的可以追溯至 18 世纪，且影响一开始便超出瑞典，遍及英国等当时的欧洲强国，比如 1858 年伦敦出版的布赖特威尔小姐（Miss Brightwell）的《林奈的一生》（*Life of Linnaeus*），以及后来的《林奈：将生命世界纳入秩序的人》（*Linnaeus: the man who put the world of life in order*，Silverstein，1969）、《林奈：分类学之父》（*Carl Linnaeus: Father of Classification*，Anderson，1997）等。但同布兰特的《林奈传》（*The Compleat Naturalist: A Life of Linnaues*）相比，这类著作虽各有侧重，对于了解林奈生平有一定参考价值，内容上却有较多重合，细节也未必可信。相比之下，布兰特的《林奈传》可说是林奈传记中最客观全面且有较高学术价值的优秀之作，该书向读者呈现了包括图片在内的大量原始文献，让读者大快朵颐的同时，提供了翔实的学术坐标，有利于读者按图索骥；而在故事铺陈以及文风上，《林奈传》也不失趣味性。

但在中文世界中，一个令人诧异的现象是，直至 21 世纪的第一个十年，国内关于林奈的介绍性工作及其研究都极为稀缺，偶有出现，也多蜻蜓点水，并未见深入细谈者。基于这个事实，布兰特的《林奈传》作为中文世界引入的首部林奈传记，无论是从科学传播的角度还是学术角度来说，都不失为了解林奈一生及其贡献的好选择，其意义和价值自不待言。

布兰特的《林奈传》不仅刻画了林奈伟大而又略显自我的形象，也勾勒了林奈范式在特定历史时期确立的过程以及博物学的特殊历史使命，间或，人们在跟随林奈领略绚烂多彩的博物学传统的同时也能有所感悟。

2. 双重角色：普通人和伟大的博物学家

在《林奈传》中，布兰特并没有试图呈现给大家一个完美无瑕的林奈，而是用大量的文字、图片史料，力图从普通人和伟大的博物学家两个维度使林奈的形象更加丰满。布兰特在文中曾提及一位笔迹专家对林奈个性的解读，其实也代表了布兰特自己对林奈的理解："他是一个以自我为中心的人，拥有一个善于分析的、建设性的头脑：他善用直觉和感觉，看待问题清晰明了；他的思想极富条理；他在一个狭小的个人世界中生活、工作，外表朴素。尽管他处事老练、深谋远虑，明白自己的付出会得到双重的回报，但却相当虚荣、自负，一方面明白自己智力超群，对自己的正确性深信不疑；另一方面不喜欢别人挑战自己，甚至会因此变得顽固执着。他平素神秘而警惕，既非真正友好之人，也非天生的领袖，他在选择朋友这方面极为挑剔，令人感觉性情冷淡。"

一方面，作为普通人，林奈拥有厌学贪玩的童年、并不理想的初等教育经历，有在荷兰、德国、英格兰略显艰辛的逐名之路，有同朋友交往的喜悦与困惑，有教书育人的成就感和遭遇背叛后的愤怒，有家庭纷争的困扰，也有知识报国的理想与实践。不同于其他传记作者，布兰特对林奈的"污点"并未讳莫如深，在他的史料考据中，林奈这位伟大的博物学家、分类学的鼻祖，曾长期受困于贫穷，生活节俭，被部分人指责贪财，妻子是个如苏格拉底之妻一样的泼妇，家庭生活并不令人羡慕，甚至让人同情；林奈和阿特迪的友情世人皆知，书中有详细提及；但在另一个层面，林奈一生热衷于荣誉，尽管他曾言荣誉如"空空的坚果壳"，但在荣誉来临时依旧欣喜若狂，旁落时愤愤不平；林奈将"北极星骑士"勋章时刻戴在身上，年轻的时候也有故意忽略同时期的著名博物学画家埃雷特对其之帮助的小心思——"当林奈还是新手的时候，他努力将所有听到的都占为己有，以便自己能够扬名立万"。林奈是自负的，他称自己的《植物种志》为"科学领域最伟大的成就"、称《自然系统》为"一本令人景仰、开卷有益的杰作"，事实虽

然如此，但话从当事人口中说出还是有些许奇怪。当然，林奈在《天谴》(Nemesis Divina)中也会像当时的人一样探讨"死亡""贪婪""友谊"等主题。

另一方面，毋庸置疑，无论是作为普通人的林奈，还是作为伟大博物学家的林奈，他对自然界始终饱含热情；他著名的拉普兰探险，他双膝跪地惊叹于金雀花的典故，他对世界各地标本的执着，这些都是自然秩序的建构者林奈身上天然存在的标签。

林奈是一个志在为大自然建构秩序之人，命名和分类则是他解读大自然的方式。正如法伯在《探寻自然秩序》一书中所言："林奈和布丰都寻求理解自然秩序，他们相信它支配了一切，并且受特定的、可识别的法则约束……人们认为自然根据自然律运作，并包含了人类可以彻底了解的结构。理解自然的钥匙并非来自《圣经》、沉思或神秘的洞察力，它在于认真的研究、比较和概括。"（法伯，2017:2, 20–21）林奈为此付出的努力是超乎常人想象的，布兰特也用大量鲜活的故事和数字证明了这一点。仅以史密斯（James Edward Smith）购买的 26 箱林奈藏品为例，其中有"19,000份压制植物标本、3200 份昆虫标本、1500 份贝壳标本、700 到 800 份珊瑚标本、2500 份矿石标本、3000 本书，还有林奈

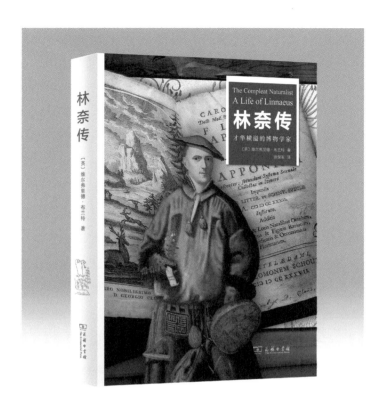

全部的通信往来，包括3000封书信。"林奈也曾为7700种植物、4400种动物以及数千种昆虫、鱼类和贝类命名。林奈的声誉正源于此，在晚年，林奈几乎当选了欧洲所有科学学会的会员。同时期另外一位伟大的学者哈勒尔（Albrecht von Haller）在其《植物学文库》（1771）中将林奈视为"为整个植物学带来最伟大改变的人，最终为这个学科带来了几乎全新的开始"。客观而言，林奈毫不

愧对这些赞美，但林奈也为其构建的宏大秩序付出了代价，不单单是他的健康，也包括布兰特笔下那些再也没有回来的"使徒"。

3. 林奈的理想、使命与时代

林奈志在为大自然建立秩序，并视之为自己的使命，而这项使命完美契合了时代需求。关于林奈所处时代及其使命，斯特恩（William T. Stearn）在《林

奈传》的引言中做了一个精确的概括：
"他所处的时代，科学孜孜不倦地寻求着对世界的解释，无数发现随之不断涌现。而在对生命世界的描述上，林奈不懈地努力为现代动植物分类和命名，为国际通用的科学体系奠定了基础。"

首先，帝国扩张的时代背景催生了独特的分类需求，凸显了林奈工作的重要性。欧洲诸国在地理、经济上的快速扩张客观上促进了新的动物、植物、矿物的发现；但另一方面，基于特定性征的新的分类体系不断涌现，由此带来交流障碍。诸多博物学家致力于构建新的宏大体系，但很难有一个体系，能把自然纳入一个统一的秩序，同时能够在国际上通用，满足现实的需求。前林奈时期，欧洲并不缺乏博物学体系，却无明确标准可言，很多博物学家基于不同性征建立了各自的体系，尽管在分类基础上存在相似或共通之处，但欧洲各地并不存在一个通行的稳定、统一、有效的体系。在布兰特所写的传记中，林奈早年游历欧洲期间就曾因分类问题同当时著名的博物学家蒂伦尼乌斯（Johann Jacob Dillenius）、哈勒尔等人产生争执。哈勒尔曾嘲讽林奈自视甚高、把自己当成"第二亚当"，但事实上，林奈体系自身的标准化、简洁实用性等特点无疑迎合并解决了帝国扩张中新发现的大量

物种的分类、命名等问题，这一范式逐步在世界范围内确立下来。

其次，使徒、通信者延续了林奈的使命。布兰特在《林奈传》中回答了一个问题：林奈有限的活动范围同其作品宏大的考察范围之间的矛盾。在这个问题上，"林奈的学生和通信者为林奈提供了大量的信息和各种各样的标本，为林奈体系的丰富、传播和完善做了积极贡献。尤其是林奈的使徒充当了林奈的眼睛和四肢，遵从林奈的意志，前往世界各地，依据林奈的体系搜集、整理、命名新物种，使得林奈得以突破地域的界限，将考察范围扩展到18世纪人们能够涉足的范围；交流与通信的意义则在于它是林奈体系走向国际化、确立自己地位不可或缺的手段。最终，使徒与通信者也是林奈体系作为一种自然秩序范式的传承者"。（徐保军，2015:95）林奈在写给友人约翰·埃利斯的信中也表明了这点："我的学生安德斯·斯帕尔曼刚刚前往好望角，另外一个学生通贝里就要随荷兰使团前往日本……小格梅林目前仍在波斯，朋友法尔克则在鞑靼。穆蒂斯正在墨西哥进行着出色的植物学考察。考尼格在特兰奎巴有了更多新的发现。哥本哈根的弗里斯教授则刚刚在丹尼尔·罗兰德的帮助下出版了他在苏里南的植物发现。福斯卡尔在阿拉伯的

发现也将送往哥本哈根印刷⋯⋯"

另外，学术报国、推动本国经济发展是林奈的现实理想。沃斯特在《自然的经济体系》中将林奈视为培根式的人物，林奈确有以科学为动力构建"理性帝国"、开拓帝国疆土的雄心。事实上，在当时的欧洲，博物学扮演着对外服务于帝国事业、对内服务于本国经济的角色。林奈派往世界各地考察的使徒的使命，除了物种考察，也在于为林奈带来世界各地先进的种植技术和经济作物。林奈非常关注自然与经济之间的关系，他倾向于通过挖掘自然的潜力来促进本国经济发展——"**将自然用于经济，反之亦然**"，林奈教授就职演说的主题即是"论游历本国国土并从中增加经济收益的重要性"。在国内，林奈曾应瑞典政府之请，试图通过全面考察瑞典的自然状况，寻求**本国经济发展的良方**。林奈对厄兰岛、哥得兰的勘察也是基于这个目的；对外，林奈曾试图引进中国的茶树和茶树种植技术或寻求替代品，"没有什么比关上让银子从欧洲流失的大门更为重要"。林奈的理想其实是实现瑞典没落后再次复兴的梦想。然而，林奈出生之后，瑞典便已在旷日持久的战争中失去了曾经的强国地位，相应地，瑞典国内的博物学发展要远远落后于同期的荷兰、英国，原本在荷兰被争相抢夺

的林奈回到瑞典之后甚至一度陷入无业状态，不得不靠当医生谋生。林奈的梦想最终破灭了，但林奈更大的贡献在于对以英国为代表的欧洲各国的博物学事业提供方法论上的指导。

作为生物学领域百科全书式的人物，林奈的出现迎合了地理大发现和殖民浪潮下的物种大发现，结束了前林奈时期博物学界在分类和命名上的混乱。即便曾由布丰掌管的巴黎皇家植物园也于1774年采用了林奈体系，林奈有其自负的资本，他可以声称"我已经从根本上认识了整个博物学领域，将它提升到了目前达到的高度"；也如斯特恩所言，"林奈足够幸运，他的天赋完美精准地满足了时代的需求；世人也很幸运，拥有林奈助他们完成这一重任"；更如布兰特所言，"林奈最卓越之处在于：赞歌称颂之处，他几乎都将其变成了现实"。

4. 博物学的历史与传统

值得一提的是，我们也会在《林奈传》中看到博物学历史上的诸多趣闻和传统。

"借花献佛"是科学命名中的一大传统。博物学史上有用人的名字为植物命名以纪念友谊、表达感情的习惯，林奈则将其发挥得淋漓尽致。林奈曾用 *Rudbeckia*（金光菊属）、*Celsia*（毛

蕊花属）、*Artedia*（冠花属）等分别来赞美奥洛夫·小鲁德贝克、奥洛夫·摄尔西乌斯、阿特迪以及其他一些朋友。赞美的话语有时略显肉麻，比如在谈及 *Rudbeckia* 时，林奈写道，"我挑选了一种高贵的植物，以便同你的德行和贡献相匹配，它的高度对应你的身材，但同时我想它应该枝系繁茂、花果众多，就像您不仅致力于科学事业，在人文领域也笔耕不辍。它的舌状花朵见证了你在诸多专家学者中的光辉地位，如同太阳之于群星"，"在大地存在的每一个春天，我们都会看到鲜花满地，*Rudbeckia* 将令你声名永驻"。同样，林奈花（*Linnaea borealis*）的名字则来自林奈的朋友赫罗诺维厄斯（John Gronovius）对他的赞赏，林奈本人则认为这种"仅需很小空间便能生长的谦卑的、默默无闻的、容易被人忽视的开花植物"同自己很像。

同样有趣、但没那么美好的反例是，林奈在为"令人讨厌的、开着小花的杂草"*Sigesbeckia*（豨莶属）命名时用了后来的论敌约翰·西格贝克（Johann Siegesbeck）的名字，后者曾在公开场合大肆攻击林奈的性分类体系，称"上帝绝对不会允许这种'令人作呕的卖淫行为'存在于植物界"，但客观而言，尽管西格贝克的确是林奈的肉中刺，"命名结果早在两人争吵前便已完成"。

除此之外，布兰特的《林奈传》也曾提及其他有趣之事，比如拉普兰人表达最大程度的赞美的话语让我们看了略觉惊愕——"完全是一只被阉割的驯鹿"；又比如林奈曾在克利福德爵士的温室里培育出欧洲第一棵开花结实的香蕉树，并略显炫耀地将其寄给法国的裕苏。

5. 小结

总之，《林奈传》不单为我们刻画了一个血肉鲜活的形象，细节处也值得读者细细琢磨。最后，用斯特恩对《林奈传》的一句评价作为结尾："他的研究细节逐一书写了林奈坦荡的一生和矛盾又神秘的性格。他的努力最终在这本经典传记中得到了完美诠释，刻画出了一位勤勉、诗意、有条不紊、天才、坚韧的花卉王子的形象。"

（本文受教育部人文社会科学研究青年基金项目"古典博物学时期的自然经济思想"资助，项目批准号：16YJC720021）

参考文献：

法伯.《探寻自然秩序》. 杨莎译. 北京：商务印书馆，2017: 2, 20–21.

徐保军. 使徒、通信者与林奈体系的传播. 人民论坛·学术前沿，2015, 11（下）: 95.

博物旅行：与荒野相遇的一个下午

邹滔

色彩斑斓的高山营地

时间：2016 年 10 月 4 日下午

地点：四川阿坝玛荣峒格，海拔 3800 米的高山营地

祭山神仪式

蓝马鸡群

在拖拉机上颠簸了整整两个小时后，我们终于抵达了即将露营一晚的高山营地。这里是牧民的夏季牧场，海拔3800米，云层里透出一点阳光，照射在地面上。空气冷飕飕的，混着点树叶与果实的味道。森林与草甸在此交会，深绿色的高大的云杉和冷杉林，金黄的白桦、红桦和高山柳，鲜红的花楸，以及远山的阴影组成了一片彩色的调色板。

这里是四川与青海交界处的年保玉则南坡，大渡河源头无数条支流中的一条。草甸与森林所涵养的丰沛水源汇聚成一条溪流，喧闹着从山谷奔向远处的大渡河。10月，牦牛群已经随着牧人回到河谷边的村庄旁，广袤的山林和草甸重新回到野生动物脚下，各种鸟类、兽类开始频繁出没。这是一条普通的山谷，

却是我们进行博物观察的理想之地。

卸下装备，扎营，炊烟渐渐升起。周巴和索郎益西用勺子装上奶茶和一小块酥油，在营地边开始念经，同时用枝叶蘸着奶茶和酥油向空中抛洒，一脸认真。这是个简单的祭山神仪式，我们即将在此叨扰两天，是有必要和这里的山神打个招呼，顺便祈求个好运气。

吃完热腾腾的奶茶和手扒牛肉，茶足饭饱，再加上一顿阳光下的午觉后，我们准备出发。说明了路线和注意事项，开始分成两组去往山谷两侧的山坡。今天下午的主题是寻找野生动物，而这里正是白唇鹿和马鹿的栖息地，现在也正值繁殖季节，那些雄鹿低沉粗壮的吼声和打斗声无疑会给我们不少帮助。想到可能遇到白唇鹿、马鹿、鬣羚、蓝马鸡、

枯树顶上的大鵟正准备起飞　　　　　　　　穿行在森林草甸之间（1）

穿行在森林草甸之间（2）

或许还有狼，大家都有些兴奋。

沿着小路钻进树丛，刚转过一个弯，鸟鸣声就此起彼伏，好几种小鸟在枝头跳跃，我用长焦镜头仔细辨认，白眉朱雀、高山雀鹛、川褐头山雀，还有棕胸岩鹨，目不暇接。一个大些的黑影落在不远处的树干上——三趾啄木鸟——头顶的那抹黄色很是明显，而另一个更大的黑影又从眼前掠过，来不及看清，但感觉似曾相识，肯定是黑啄木鸟。

蓝马鸡，还有大鵟！

我还沉浸在一下被好些鸟"轰炸"的紧张和兴奋里，周巴忽然示意我们安静，小声的"啾啾"从前方传来。蓝马鸡！顺着他指的方向，一群蓝色的身影出现在草丛间的空地里，它们已经被我们这几个不速之客惊扰，迈着有些警惕的步伐，一边观察一边往山坡的灌木丛里走。我一只只数下来，大概有十三四只。

这是第一次在柯河与蓝马鸡相遇，但没想到那个下午我们和蓝马鸡碰面了好几次，更没想到，就在同一条山谷里竟然还生活着一群白马鸡，地点相距不到500米。同一个地方，这么相近的两个物种在一起会发生什么？晚上问当地人，邱克说它们会打架争地盘，有人还曾经见到一只亚成体，身体是白马鸡的样子，颈部往上却像蓝马鸡。想象一下这种相爱相杀的情景，真是有意思。

几个伙伴还是第一次见到蓝马鸡，一边用望远镜观察一边开心地小声交谈，轻声往前跟，直到它们消失在灌木丛里。忽然一只落单的蓝马鸡发出惊恐的聒噪声，有伙伴发现不远处的枯树顶上有个棕色的小点，原来是只大鵟，它不断变换着姿势，眼睛却始终观察着地面的灌丛。鸟儿深棕的体色、布满淡黄色松萝的灰色树干，搭配着绿色和红色的背景，格外好看。

"它应该是想吃蓝马鸡吧。"周巴给出结论。不过我们的动静实在太大，大鵟起飞了，在我们头顶盘旋了两圈，又降落到旁边高大的云杉上，继续等待着捕猎的机会。

眼前的色彩格外多样，有红色与黄色的灌丛、深绿的云杉林，还有对面山头暗红色的草甸。用望远镜看对面山坡上的伙伴们，人仿佛行走在画中。路边有好些小块小块的蓝色，肋柱花的颜值本来就不低，在高山野花极少的深秋更是显眼。

蓝马鸡的叫声一直在不远处，引着我们走进云杉林。短暂的阴翳后景色豁然开朗，山谷尽收眼底，近处的草甸深红一片，其中有几个蓝色的小点，正是刚才遇见的蓝马鸡。对面山坡的云杉林里有一个个空白的斑块，这是以前国有林场长期砍伐留下的痕迹。高海拔树木生长缓慢，即使经过近二十年时间的自然更新，新萌发的小树仍然只有几米高，森林还远远没有恢复。

失之交臂的鬣羚

周巴带上的对讲机终于派上了用场，除了你说看到棕熊我说看到了雪豹的玩笑话，站在对面山坡上的邱克告诉周巴，他们用望远镜观察到，就在我们脚下不远的灌木丛里，有一只鬣羚正悠闲地朝我们走过来。我们赶紧安静下来，随着指示轻声移动和寻找。

"鬣羚往回跑了！"对讲机里传来邱克的声音，也许是我们的动静太大，惊动了它。我和周巴赶紧朝前追去，可是灌木葱茏，除了脚印，一点鬣羚的身影也没发现。野外严酷的环境教会了鬣羚各种生存智慧，就在我们在山坡上灌木丛里仔细搜寻时，它可能已经跑进山下茂密的云杉林里，藏到另一条安全的小沟里去了。

如此好的机会竟然失之交臂，大家都有点泄气。头顶，一只巨大的胡兀鹫正在缓缓盘旋巡视。地上，大朵大朵的蓝玉簪龙胆正在盛放，这颜色，蓝得鲜亮瑰丽。

往前走，一只雉类被惊起，鸣叫着

蓝玉簪龙胆

飞向远方的灌丛，还有两只飞上了旁边的云杉树。难道是斑尾榛鸡？我激动地拿起镜头，原来是雉鹑，这个收获也不错。树上的两只鸟利用树枝隐藏着自己，也不时观察着我，并没有要飞走的意思。

终极目标：马鹿

再往上，海拔越来越高，每爬一步都气喘吁吁，只能一点点把自己往山坡上挪。脚下比营地海拔高了近300米，眼前的视野开阔了许多，阳光灿烂，云的阴影在对面山坡上不断移动，天地壮阔，让人畅快。于是，大家纷纷开启拍照和自拍模式。

树上的雉鹑在打量着我们这些外来者

马鹿

浓云渐散，森林上银河缓缓升起

突然听到一声口哨，转过头，看到周巴正在向我们示意。一定有新发现！周巴给我们展示他拍到的照片——一头马鹿，就在灌丛背后另一面山坡上。我们轻声往前，慢慢靠近，观察着逆光里的山坡。马鹿体形高大，一只巨大的雌性马鹿带着两只亚成的小鹿，开始在灌丛里穿越，屁股上的白色格外明显。它们不时停下来看看我们，然后在山脊上留下一道剪影，消失在山的另一边。

看到了马鹿，今天下午的目标算是达到了。阳光开始呈现出迷人的金色，整个山谷笼罩在其中。我们坐在一片金色里，心中满足而兴奋。对讲机里传来对面伙伴们的声音，他们在返回的途中发现了两只猪獾的尸体、一群正在觅食的白马鸡，还偶遇了一头歪着脖子好奇地观察他们的毛冠鹿。

与荒野相遇的一个下午，我们观察到了各种小鸟，包括大鵟、胡兀鹫这样的猛禽，雉类有蓝马鸡、白马鸡和雉鹑，还有鼠兔、毛冠鹿、鬣羚和马鹿这几种兽类，就差食肉动物了（事实上，第二天我们就发现了棕熊巨大的脚印）。这样的精彩，在广袤壮阔的横断山区，每天都在上演。

到达营地，天色已经昏暗，天空中的浓云逐渐散开，明亮的银河在云杉林上缓缓升起。星空下的土地，安静而充满生机。

　　邹滔，博物旅行领队，野生动物摄影师，日本 NEAL 自然体验引导员。从 2010 年开始进入自然保护领域，多年来一直行走在西部的山野间，从认识野生动植物开始尝试博物学生存（Living as a naturalist），近年来持续在川西等地带领博物旅行活动。

旅行

帕米尔之旅

詹琰

"帕米尔"在塔吉克语里是"世界屋脊"的意思。帕米尔高原平均海拔4000—7700米，它把亚洲大陆上几条巨大的山脉——喜马拉雅山脉、喀喇昆仑山脉、昆仑山脉、天山山脉、兴都库什山脉会集在一起，形成一个巨大的山结。帕米尔高原是古代丝绸之路最险峻的一段，同时是世界四大文明交会处。

2017年，我们沿着河西走廊途径库车、阿克苏、喀什，奔向帕米尔。仲夏的傍晚，飞机降落在乌鲁木齐地窝堡国际机场，打开舱门，热浪扑面而来，与北京的气温不相上下，而记忆中十多年前乌鲁木齐的夏似乎很凉爽。在机场附近租好车，入住，期待第二天开始的帕米尔高原之旅。

克孜尔石窟

库车是我们停留的第一站，这里是曾经辉煌灿烂的龟兹文明所在地。龟兹曾是西域政治、经济、军事和文化中心，丝绸之路的重要枢纽，龟兹文化荟萃了地中海文明、南亚次大陆文明、两河流域文明和黄河长江流域文明的影响。现在留存的最具有代表性的遗迹就是石窟艺术，而克孜尔石窟是其中最有名的。

公元1世纪，印度的部派佛教（小乘）向东越过帕米尔高原后，传到龟兹古国，至3世纪已经相当盛行。据唐玄奘所著《大唐西域记》记载，"屈支（龟兹）国……伽蓝百余所，僧徒五千余人，习学小乘说一切有部。"公元5至6世纪，是龟兹佛教发展的鼎盛时期。佛像崇拜的兴起，使印度部派佛教中的佛塔崇拜，逐渐被石窟造像替代。克孜尔石窟的窟形主要有中心柱式、方形窟、僧房窟等几种类型，是礼佛、观像以及僧人修行的重要场地。最精彩的是石窟中的壁画，与敦煌壁画相比，克孜尔石窟的壁画更具有西域风格，结合了印度佛教与中原线条画法，辅以晕染法和对比色，被称为龟兹风。其中裸体画与菱格画最引人注目，裸体画显然是受到印度艺术的影响，当年应该是使用印度壁画粉稿绘制的。菱格画多出现于石窟的窟顶，为龟兹所独有。克孜尔壁画中的飞天多为男身，一般赤裸上身，下周穿裙，有顶光，赤足，手持乐器或者花束。

我们一行随着引导员进入石窟，只见洞壁上诸佛顶礼、梵音绕梁、天花散落，飞天璎珞飘带满壁风动，佛祖端坐于莲花宝座上，合十低首微笑，这应该就是西方净土世界。等所有人都离开石窟，雨后柔和的阳光照在石窟门口的石条上，我一个人与满窟的佛像独处，想象千年前信徒在洞窟里描绘佛像的场景，在他们心里一定有大慈悲与大智慧。

克孜尔石窟入口处的一尊雕像非常引人注目，他就是中国最著名的佛经翻译家、传播者、佛学思想家鸠摩罗什。他七岁受戒学习部派（小乘）佛法，年轻时偶然阅读了大乘佛教经典后，改信大乘佛教，并在龟兹国推行宗教改革，使民众改信大乘佛法。后因战争被俘至中原，受皇帝命译经 11 年，将大乘佛教的重要经典、小乘佛教部分经文译成汉语，标志着佛教在中原已摆脱之前作为玄学附庸的地位，走上了独立发展的道路，并足以抗礼儒学。

天山昆仑山交会处与贝壳山

新疆除了人文遗迹，地质地貌也值得一看，我们此行的领队是地质专家，在他的带领下，我们看到了很多非常规地理景观。旅程中天山与昆仑山交会处令人印象深刻。我们沿着天山山脉爬升，一路景色如同科幻电影中的外星球，怪石林立，颜色各异，空气异常干燥。

忽然车的右边出现了两层山脉，前面的一层山是红色的，在它的后面出现了一层黛色的山脉，这两种山色泾渭分明，落日的阳光照在五彩的山上发出金色的光芒，使这片没有太多水分的山体显得有些不同。前面红色的山体是天山，后面黛色的山体是昆仑山。这两个山脉在帕米尔交会，地理特征明显。天山山脉沿东西走向分割准噶尔、塔里木两大盆地，是亚洲最高大的山系之一，平均海拔 4000 米以上。昆仑山山脉西起帕米尔高原，平均海拔 5500 米以上。在这里，我们眼望两山、脚踏两地，欣赏世界级山系独特风貌，感受"万山之洲"的雄壮，体验轰轰烈烈的燕山造山运动。

开车沿着昆仑山往前走约半小时，就见到了更让我们惊叹不已的古海遗址——贝壳山。这是一个不算矮的山，山上都是嵌满贝壳和藻类植物遗迹的石头，从山脚到山顶，大如铜钱、小如拇指，数以亿计的大大小小的贝壳同含有盐碱的泥沙凝结在一起，层层叠叠、千姿百态。这些裸露的贝壳化石证明帕米尔高原原来是一片汪洋大海，由于地壳变迁，逐渐上升为陆地，再到高原。这些来自远古的生命，似乎向我们诉说着几亿年前这里曾经鱼翔浅底、波涛汹涌，而现在这里已是群山沉默、戈壁呼啸，沧海桑山真是令人感慨！

喀什古城

在爬上高原之前，我们在喀什休整。喀什维吾尔语称"喀什噶尔"，意思是"各色砖房""玉石集中之地"，这是一个具有传奇色彩的城市，是我国西部边缘最大的城市。据说喀什已有2000年历史，丝绸之路进入塔里木盆地以后便分为南北两道而行，在喀什交会，然后越过帕米尔高原，通往印度、伊朗、西亚、欧洲。

一到喀什，我们就迫不及待地去古城游览，这是世界上现存规模最大的生土建筑群之一，也是我国目前唯一保存下来的具有典型古代西域特色的传统历史街区，有2100多年的历史。巷道街蜿蜒而行，曲径通幽，犹如迷宫，若不借助现代导航技术，初次来这里的游客要走出去恐怕不容易。巷道中高原的阳光照在色彩鲜艳的墙壁上，孩子们在街上打闹，男人们在街边做着小生意，包着鲜艳头巾的女人们聚在一起闲聊，这是一座活着的博物馆。古城中的一处叫作"花盆巴扎"，这里真的有很多售卖各种花盆的商家，不知道是不是祖传的陶瓷手艺。街上保留着很多传统手工业，打铁、钉马掌等，应该与喀什自古的交通枢纽地位有关。

穿过古城的小吃街就到了艾提尕尔清真寺，这里建寺已有600年历史，据说是全国最大的清真寺，也是穆斯林心目中的圣地，是一座把阿拉伯建筑特色和维吾尔建造风格融于一体的宗教建筑。

艾提尕尔清真寺的外观并不算特别壮观，有典型的阿拉伯式门廊和柱子，外表是黄色的，象征着沙漠。寺内有一个很空旷的院子，据说是为了做礼拜时容纳更多的信众。院子的尽头是大殿，与其他清真寺一样，这里的大殿有很大的柱廊，柱子上雕刻着精美的植物图案，装饰以绿色为主，绿色象征着绿洲和希望。大殿内的地面上、墙上都装饰着地毯，伊斯兰教反对偶像崇拜，因此在清真寺里看不到佛教寺庙中的圣像，取而代之的是有宗教含义的图案。

喀喇昆仑公路沿途

喀喇昆仑公路北起喀什，穿越帕米尔高原，经过中巴口岸红其拉普山口，到巴基斯坦北部城市塔科特，全长 1032公里，其中在中国境内的有 416 公里。这条公路是世界上十大险峻公路之一，也是世界上最美的公路，整条公路在中国境内海拔最低 1154 米，最高点（红其拉普）海拔 4733 米。我们在帕米尔旅行的最后几天都行进在喀喇昆仑公路上，沿途风景非常漂亮。

离开喀什进入喀喇昆仑公路的第一站就是盖孜大峡谷，古称"剑末谷"，是整个公路的咽喉要道，两座雪山间只容一条公路通过。古人曾在峭壁上修栈道，如今在高悬的绝壁上，依稀可以看到打过木桩的痕迹。走过隘口时并没觉得险要，等回来时看到隘口的另一面才不由得生畏，两边都是高耸入云的雪山，山体因为塌方造成泥石流的痕迹一直延续到公路，两山间的公路与山体相比是那么的微不足道。

沿着公路往高原爬行，第二站便是白沙湖。白沙湖实际是一个水库——布伦口水库，可能因为水中含矿物质，湖水呈现出蓝绿色，平静得如同镜子，旁边的山体则是青白色，宛如一幅水墨画。水库旁边是阿拉尔金草滩，这是一片高原湿地，雪山上流下的河水分成许多条支流，在绿油油的青草中流过，草滩上牛羊成群，还有白色的毡包。这片绿色的草地与周围光秃秃的山崖形成鲜明的对比。空气纯净清澈，天空湛蓝，但因海拔较高，我们开始不断地加衣服。

沿着喀喇昆仑公路往前，过了布伦口，车子拐了一个弯，慕士塔格峰（海拔 7546 米）就赫然出现在路的前方，它是帕米尔高原的标志和代表之一，也是新疆最有名的山峰之一、著名的登山地点，据说是登珠峰前必须攀登的一座7000 米以上的山峰。公格尔峰、九格尔九别峰与慕士塔格峰并称"昆仑三雄"，这几座雪山映在喀拉库里湖的倒影显得雄壮而庄严。可惜我们到的那天恰好景区休息，不能到峰顶下近距离观看；留下遗憾是再去的理由，希望以后还有机会再上帕米尔。

在塔县休整后，车队出发前往此行的最高点——红其拉普口岸。口岸与巴基斯坦毗邻，海拔接近 5000 米，大部分人会有明显的高原反应，气候环境恶劣，地理上的坐标意义大于风景价值，我们很快从口岸下撤，沿喀喇昆仑公路回到喀什。

在喀什休整的日子是惬意的，随意地走在街头或者要杯水坐在小巷里，整理整理照片，回顾一路走过的风景。南疆、帕米尔不但有让我痴迷的人文遗迹、活的博物馆，还有动人的风景，以后应该还会再去吧。

（2018 年 2 月 15 日，于北京望京）

忆达赉湖

陈超群

　　读汪曾祺的《阿格头子灰背青》，汪老说他曾四下内蒙古，都不曾见过"风吹草低见牛羊"，又说沽源的草原好看，长的是"碱草"，但碱草不如阿格头子、灰背青营养价值高，然后回忆起了唱"阿格头子灰背青，四十五天到新城"的老

　　达赉湖，又名呼伦湖，位于内蒙古自治区呼伦贝尔草原西部的新巴尔虎右旗、新巴尔虎左旗和扎赉诺尔区之间，是内蒙古第一大湖。　　2013年8月摄

草原上的狼针草（禾本科针茅属）和沙参（桔梗科沙参属）　2013 年 8 月摄

齐腰高的狼针草　2013 年 8 月摄

曹。跟着汪老的文字，我回想起了内蒙古呼伦贝尔达赉湖边的草，以及那次租车旅行认识的一个司机，忘了他姓啥，就叫老张吧。

1. 狼针草

从满洲里租车开往达赉湖，看见的不是阿格头子灰背青，而是另一种草，老张说，当地人管那种草叫"狼针草"。狼针草厉害着呢，针尖又硬又长，**直往牛羊的皮毛里钻**。宰了羊把皮剥下来一看，皮肉之间横了好多针，羊皮上戳得都是针眼，整张羊皮就废了。

听得我浑身像被针刺了一样，不禁一哆嗦。既然这草如此凶悍，干嘛还把羊赶到这种草里放牧呢？

"狼针草比别的草好种，长起来快，嫩的时候牛羊爱吃。"老张叹了口气，又说，"**要不哪来那么多草给羊吃啊？又哪来那么多羊给人吃啊？**"

一句话说得我这个来草原吃羊肉的游客一阵惭愧。话糙理不糙，老张说得很实际，也很深刻。

2. 白蘑菇

老张原先不是开车的，他放过牧，捡过蘑菇，干过草原上其他各种更原始的营生，因为当地经济发展、产业转型而开起了车。

是的，当地人说的是"捡蘑菇"，而非"采蘑菇"。采蘑菇有一种主动寻找的意思在里面，而"捡"这个字用得奢侈、任性，叫人羡慕嫉妒。蘑菇就长在地上，你只要舍得弯腰去捡就行。不捡白不捡。

他说，蘑菇的种类很多，但当地人喜欢捡白蘑菇。白蘑菇好吃，价钱也贵，十几年前晒干后一斤能卖几百块钱，现在就更贵了。

我来了兴致，要求老张停车带我们捡蘑菇。老张也来了兴致，目光炯炯有神，像个小孩似的，说下车就下车，往草里走。大片大片的狼针草，擦过衣服沙沙响。

走进草里，才知道狼针草有多扎人。我们穿着冲锋衣，仍感觉到针尖无孔不入，刺得皮肤又痛又痒。老张有经验，顺着草芒的方向蹚。

找了一会儿，老张摇着头说："少了，现在真的少了。"

不过还是被我们找到两个白蘑菇，小得如指甲盖，雪白可人。

我们兴奋地喊老张过来鉴定。老张点点头，又摇摇头，还是那两句："**少了，现在真的少了。**"

3. 翠雀和沙参

在狼针草丛里冒着被扎屁股的危险小心翼翼地蹲下来寻找，还发现了一种轻盈如雀的紫色小花、一种像小铃铛的紫色小花，以及其他各种很漂亮的草原野花。

老张告诉我们，这些都是很好的药草。对了，他还做过采草药的营生。说起药草来，老张颇为自豪地卖了个关子：

知道呼伦贝尔大草原的羊肉为什么不膻吗？知道呼伦贝尔大草原的羊肉为什么鲜嫩吗？知道呼伦贝尔大草原的羊肉为什么能治病吗？

不等我们回答，老张就自己抢答道："**因为我们这里的羊每天都吃上百种草药啊！**"

他双手做了一个划拉一大片地方的动作，颇为自豪地说，就这片草场里面，就有几十种药草。

那为什么现在不做草药生意而开起出租车了呢？老张又说了那句话："**少了，现在真的少了。**"

后来我知道，紫色如雀的小花是某种翠雀，毛茛科；紫色铃铛花是某种沙参，桔梗科。

4. 鲇鱼

达赉湖是一个神奇的湖，像镶嵌在茫茫草原中的一块玉。去达赉湖的游客大多要吃达赉湖的鱼。

老张说，早些年达赉湖的鲇鱼、白鱼（不知道具体指什么鱼）非常多，多

到扎堆儿。鱼高兴起来会蹦出水面撒欢，把到湖边喝水的牛羊吓一跳。

说起达赉湖的鱼，老张又有故事可讲。内蒙古人不稀罕鱼，便用鱼叉抓了鱼回家，晒干后当柴火烧，烧起来吱吱冒油。用老张的话说，好烧着呢。

用干鱼烤羊肉，这两样东西合起来是个"鲜"字，真是妙啊！然而老张说，

翠雀，毛茛科　2013 年 8 月摄

现在游客多了，鱼少了，哪儿还有鱼蹦出来吓羊？

现在谁还能有口福尝到这种呼伦贝尔秘制的"鲜"呢？

汪曾祺笔下的老曹是个会讲很多草原故事的有趣的人，虽然在人生中曾遭遇到不公，老曹仍然给人爽朗温暖的印象。我在呼伦贝尔旅行中遇到的老张也是个会讲很多草原故事的有趣的人，他是个司机，也是一本丰厚的书。从呼伦贝尔旅行回来后，一晃四五年过去了，也不知道老张司机现在过得怎么样了。

（本文作者为清华大学深圳研究生院

教师、博物学爱好者）

描摹

巍巍德荣是青桐

纪红

中秋过后的趵突泉公园，绿树嘉木，清泉活水，大隐于闹市，依然骨秀神清。园子里到处绿意葱茏，生机盎然，浑不觉秋已渐深。转到趵突泉边的三圣殿院内，赫然发现两棵青桐[1]，高大正直，亭亭玉立，"皮青如翠，叶缺如花，妍雅华净"，枝叶茂盛，真个是"一株青玉立，千叶绿云委"，端的英气逼人。

更好看的是这青桐树万叶清阔吟风于阳光下，生出青玉般润泽的光芒，"疏柯于玉笀，密叶翠羽蒙"，那般生气勃勃神采奕奕，衬着大殿那灰砖青瓦飞檐红墙雕花的敦厚吉祥的中国建筑美，"奉奉萋萋，居然古人风"，内质的大方雍容令人起敬，观之即感清气扑面、浩气

萦怀。

青桐原产中国，通常说的中国梧桐就是青桐，它也是最具中国色彩的桐树，被尊为中国桐，想来即是缘于它承载着中华文明源远流长的一脉人文情怀。《说文解字》解曰："荣，桐木也。"《尔雅》释曰："荣，桐木。"荣华、荣耀、荣昌、秀荣、尊荣、光荣，以荣为名，多美哦。趵突泉公园里的青桐适值"荣"之好光景，正当得起这个"荣"字：清气满盈的繁荣昌盛、荣光生发的欣欣向荣。

"凤凰于飞，翙翙其羽。""凤凰鸣矣，于彼高冈。梧桐生矣，于彼朝阳。菶菶萋萋，雝雝喈喈。"每读《诗经》至此，心下总禁不住沉吟而神往，其中美意让人低回。神鸟嘉木、高冈朝阳，惠风清音、羽彩阳光，君子良人、忠心信仰，

---

[1] 梧桐（*Firmiana platanifolia*），别称为青桐。

相得益彰、万世流芳。想我中华先民，总有着本真自然的优秀审美，让之后世世代代多个流派和式样的艺术美，都以此源头为根基而有了生生不息的生机与活力。

据考证，《诗经》是最早讴歌凤凰梧桐传说的文献，青桐是我国最早见于诗文记载的名树之一。《庄子·秋水》中庄子也以凤鸟"非梧桐不止"来自喻高洁。一诗一经定乾坤，从此，青桐高标树立起"大雅"清贵、仁厚、纯正之风，再无可被人看得低轻。青桐，有大美也。

大美的青桐，不只美在与凤相偕的高风亮节，还美在它亦能深入烟火红尘，颇为实用。青桐全身都是宝："种子可食，亦可榨油；树皮纤维可作造纸原料；叶、花、果、根均可入药，有清热解毒去湿

健脾的功效；木材宜制家具和乐器。"实乃嘉树良桐。

我以为青桐颇具意味的功用，是青桐乃制作中国古琴的良材。《后汉书·蔡邕传》记云："吴人有烧桐以爨者，邕闻火烈之声，知其良木，因请而裁为琴，果有美音，而其尾犹焦，故时人名曰焦尾琴焉。"而抚琴又是中国古代文人必修的一项才能，琴是彼时文人雅士的心头好，他们心有所属，援琴奏曲，情不自禁，这是何样的风雅。孔子注重乐教，《史记》记载他删定《诗经》三百零五篇，皆弦歌之，而以青桐之琴去弦歌《诗经》中的凤凰梧桐，天地人合为一，多么的和美相生。

据说汉才子司马相如的传世名琴名为绿绮，音色奇绝，琴内有铭文"桐梓

合精"。他以一曲琴歌《凤求凰》示爱，赢得才貌双全又有傲骨丹心的卓文君的芳心，遂成千古佳话。趵突泉公园里的青桐，我见之时，光照翠羽，叶吟清风，光彩重生，与"绿绮"质感委实应景。这依然是凤凰梧桐的传奇，绿绮青桐为才子佳人平添风流。

在衣食起居之需外，还须修身养性，须有四时佳兴，咱们中国人就是天生具有这样的喜气贵气，再怎么沧桑千载、苦难历尽，还是要清心明志、音乐起兴、歌舞升平，还是要活得信念自足、吉庆有余、优雅从容，秉持一份风骨原则，赋予庸常人间以生之尊荣。

中国十大古琴曲《高山流水》《梅花三弄》《阳春白雪》《夕阳箫鼓》《汉宫秋月》《渔樵问答》《平沙落雁》《十面埋伏》《胡笳十八拍》《广陵散》，或慷慨，或清越，或雄浑，或傲岸，或清奇，或苍凉，或明新，或中和，或俊逸，或潇洒，或悠远，或蕴藉，或委婉，或深沉，或朴厚，或寂寥，或愁苦，或肃杀，或劲侠，曲曲经典。流传至今，表达的无不是自然的脉搏、光阴的律动、心灵的意境，而各曲各调，由青桐之琴奏响，风格各异中有青桐始终如一的基调与质地，弦歌声讯里是心灵的信守与寄寓。青桐，有大音也。

"庭前双梧一亩阴，禅房萧森花木深。"梧桐还是中国佛教的圣树象征，佛寺中常栽梧桐树，僧人念经所敲打的木鱼，正宗的就由桐木制作而成，故有"桐鱼"之称。桐鱼声声，既是提醒心神重于修行，也是青桐自己的琴歌梵唱，更是吐露尘世间草木生长的心情心声。

大音稀声，我在泉边阳光清风中仰望青桐华盖、清亮绿叶，又见花喜鹊在枝间飞来飞去，仿佛美凤的意象，耳旁不闻木鱼声声，不闻古琴曲的旋律种种，而品到的似乎是另一种况味真声，这正是"有琴不张弦，众星列梧桐。须知淡澹听，声在无声中"。

我一页页翻阅《诗经》，一次次特意标记，渐渐听到其中青桐琴瑟的和鸣。《湛露》篇曰"其桐其椅，其实离离"，称颂君子美仪；《定之方中》篇曰"椅桐梓漆，爰伐琴瑟"，颂美贤明国公；《鼓钟》篇曰"鼓瑟鼓琴，笙磬同音"，赞扬淑人君子；《关雎》篇曰"窈窕淑女，琴瑟友之"，友善取悦美人；《甫田》篇曰"琴瑟击鼓，以御田祖，以祈甘雨"，

抒情真诚虔敬；《鹿鸣》篇曰"我有嘉宾，鼓瑟鼓琴。鼓瑟鼓琴，和乐且湛"，祝福志趣相合；《常棣》篇曰"妻子好合，如鼓琴瑟"，比喻情投意合；《女曰鸡鸣》篇曰"宜言饮酒，与子偕老，琴瑟在御，莫不静好"，恩盟安稳美满；《山有枢》篇曰"何不日鼓瑟？且以喜乐，且以永日"，珍惜当下逍遥。

如此之好啊！我们的先人拥有琴瑟和鸣、物我一统的生活。时代真的在进步吗？现代社会已基本迷失了这份自然和谐的美好的生活风情，世道人心皆不古，可哀。《诗经》里这番琴瑟美音，踏着时光的行板流转而来，这其实都是青桐的歌唱，撇去了浮世烟云的丑浊虚妄。青桐，原来你才是真正的风雅颂。

相传梧桐是灵树，最能感知时令。南宋《梦粱录》有记："立秋日，太史局委官吏于禁廷内，以梧桐树植于殿下，俟交立秋时，太史官穿秉奏曰：'秋来。'其时梧叶应声飞落一二片，以寓报秋意。"承继西汉《淮南子》中"以小明大。见一叶落，而知岁之将暮"之意蕴，青桐树叶与"一叶知秋"的典故密切联系起来，千百年来那应时报秋的叶落之声，满载着青桐诚信相随的真情。

何止报秋之声，岂止琴为心声，青桐在古诗文里还有着一些寓怀寄情的特别意象，诸如高洁品格、忠贞爱情、孤

独忧愁、离情别绪等。像悲秋的意象、梧桐雨的意象，且不赘言记述，而在那悲不自禁的"梧桐更兼风雨"的《声声慢》里，人生显得多么卑微无助，人世显得多么凄凉无着，人生人世都仿佛失了神采，没了生之尊严、爱之美意。

庸常日子已壅塞了草芥人生太多的悲声，悲意诗词写得再文学再精粹也还是个悲，让人读得愈加悲戚。我偏爱的是这样的青桐诗意："一株青玉立，千叶绿云委。亭亭五丈余，高意犹未已。""四面无附枝，中心有通理。""天质自森森，孤高几百寻。凌霄不屈己，得地本虚心。岁老根弥壮，阳骄叶更阴。"

我最欣赏晏殊的《梧桐》，以为那是最好的青桐形象："苍苍梧桐，悠悠古风，叶若碧云，伟仪出众；根在清源，天开紫英，星宿其上，美禽来鸣；世有嘉木，心自通灵，可以为琴，春秋和声；卧听夜雨，起看雪晴，独立正直，巍巍德荣。"写得有神气，有正气，有志气，有骨气，有浩气，自然地流露着作者本真的气质、内心的光明，让读者亦受感染、熏陶，受点拨、鼓舞、激励。

活着，我们需要俯瞰坚韧小草以不忘生之根本，同时亦需要仰视清秋阳光中欣欣向荣的英朗青桐，以不坠青云之志、不息灵魂火种。此次见趵突泉公园的青桐，不是深院寂寞锁清秋，而是胜地光明钟神秀，就愈发觉得这种气度和风骨是多么难得：朴厚有性灵，峻拔有高格，清贵有神性。

中国人向来活得美，出世入世，工笔写意，俗雅自如，寓实于虚，举重若轻，善于将沉重的肉身活在切实的空灵下、现实的诗画中。伴随着"凤栖梧"的美好传说，青桐顺沿着我们的文明历史，朝朝代代无停息，自然而然地普及深植于我们窗前庭院、门侧道旁、眼前心上的俗世生活和人文精神里。

明人陈继儒《小窗幽记》对庭院梧桐有总结陈述："凡静室，须前栽碧梧，后种翠竹；前檐放步，北用暗窗；春冬闭之，以避风雨；夏秋可开，以通凉爽。然碧梧之趣，春冬落叶，以舒负暄融和之乐；夏秋交荫，以蔽炎烁蒸烈之威。"实用主义下暗寓着超然的襟怀情致，生活在高处也在低处，此乃国人生活的艺术、心智的圆满。

梧桐在中国广为种植。年少时，家乡院落多植梧桐，村村皆种梧桐，我那时根本不懂《诗经》，不知青桐人文内涵，心里却早早印下了凤凰梧桐的美好传说。我曾见过一户乡亲家传的一床丝绸被面，织着繁缛华美、疏密有致的典雅图案，有青桐、牡丹、凤凰、童子举莲，吉祥喜庆。我老家堂屋里也曾挂一绣花门帘儿，上绣桐树枝叶、喜鹊飞来，下绣牡丹花开，意寓同喜同好同贵。家里还有梧桐木的桌子、橱柜，爷爷会用桐叶煎水治咳嗽，我曾吃过炒熟的桐子，年年用凤仙花染红指甲时也多用桐叶包裹。

岁月变迁，现在在山东平原我的家乡，青桐少见，泡桐多见。但家乡人依然把泡桐、毛桐统统叫梧桐，依然喜欢将泡桐树种植在自家院里，依然持有"凤栖梧"的美好期许，依然会用桐木制作日常家具，甚至会用泡桐的叶、花、果、根来保健。青桐，更朴实地扎根在寻常百姓家、民间大地上。

这已然是文明积淀而成的家常教化，是审美风习天长日久潜移默化的熏染与浸淫。祥瑞的国度自有祥瑞的优秀传统，不只是操琴与诗文，青桐也是如此。它一直生长在我们的民俗、民风、民心中，叶茂根深。从朝野到宗教，从生活到精神，不管你喜欢不喜欢、承认不承认，青桐于我们，已经无比通俗可亲。

《诗经》印本可谓多矣，我平常看的是一本本色麻布素白封面的，今日再读，意在青桐，却忽然想起在别处读到的一则"桐花布"纪实，据说见载于《华阳国志》："有梧桐木，其花柔如丝，民绩以为布，幅广五尺以还，洁白不受污，俗名曰'桐华布'。以覆亡人，然后服之及卖与人。"质本洁来还洁去，青桐情深，读之让人心生温柔悲悯，眼前的《诗经》书封亦仿佛是那桐花布的现形。

又有《尔雅》注解："梇，梧。"梇是梧桐的本名，后泛指棺材，正宗的内棺亦系桐木制成。记得以前家乡的墓地坟前也常见梧桐。嘉树相随，生死皆吉。如此，梧桐与我们，真正是"死生契阔，与子成说"。人将心与情、身与灵皆寄托于青桐，自成一番坚贞情义。青桐有最笃实的物质与精神，最慈悲的担当与成全，遂成我们不离不弃的良人。

草木与人，我相信，当是天生有着相同的质地与根本，有着相通的心性与操守，才能那般如此相生相守相亲。中国青桐，正是中国人风骨精神的写照与象征，是中国人胸襟情怀的寄托与神会，我甘愿有这样草木清嘉的生活，古早如今、远远近近，浓淡相宜、切身可心，让平凡人生优美尊严、风雅丰润。锦瑟无端，庄生晓梦，蓝田日暖，沧海月明，此情常在，何曾惘然。

描摹

博物实践：拍鸟种种

吴彤

我是在数年前开始使用相机拍鸟的。记得最早是在圆明园散步时，转过湖边一道弯，突然发现岸边一块石头上，立着一只很漂亮的鸟，像野鸭子，但是比野鸭子漂亮。后来我才知道那是一只雄性鸳鸯，它头具艳丽的冠羽，头顶羽毛向后梳理，眼后有宽阔的白色眉纹，翅膀翘翘的，翅上有一对栗黄色扇状直立羽，像帆一样立于后背，非常奇特和醒目。它离我也就四五米的样子，但是没有飞离。我赶忙拿出相机（富士的数码相机），拍摄了我有意识的拍鸟经历中的第一只鸟。

拍鸟拍得多了，见识也就多了，不认识的鸟拍下来，要么通过微信问朋友，要么自己在网上查找。实践了孔子所说的"多识于鸟兽草木之名"。后来，孩子和学生看我爱拍鸟，送给我《中国鸟类图鉴》《北京鸟类图鉴》等鸟类鉴别图册，让我进一步认识各种鸟。

拍得多了，也开始认识一些拍鸟人，其中个别人还成了"鸟友"。我开始知道各种拍鸟的方式，如"棚拍""野拍""诱拍"。野拍即在野外拍鸟。我应该属于"散拍"，即一边散步一边拍鸟，这是我给自己的拍鸟行为起的名字。散拍基本上靠运气，拍到的鸟儿不多，也可能完全拍不到，或拍到的背景和形态并不很满意。但是野拍如果处理得好，是自然行为，不会伤害鸟儿，也不干扰鸟儿。所谓诱拍，即拍鸟人在某处放上鸟儿爱吃的虫子或其他食物，或以鸟鸣的声音引诱鸟儿到来，等着拍鸟。我虽然不喜欢诱拍，但也参与过，还拍到过比较好的鸟儿的照片。如大苇莺落在荷花尖或莲蓬头上的照片，有些就是拍鸟人以长竹竿挑起面包虫放在荷花瓣里或莲蓬头上才拍成的。再如红喉歌鸲，俗称"红点颏"，有一次我发现有拍鸟人在红点颏经常去的地方插一根树棍，上面放上面包虫，支好相机等着，红点颏来了，他们就在大约5—10米远的地方，以遥控线控制长枪短炮各类相机快速抢拍。这种诱拍虽然没有伤害鸟儿，但干扰了鸟儿觅食的自然行为，我心中觉得还是有点问题。

有些地方为拍鸟预备了场景进行"棚拍"。棚拍有两种，一种是在野外，为了观鸟和拍鸟时不惊扰到鸟儿，建一个棚子，棚子有许多小孔，人在棚子里，可以看到外面，有点像在野生动物园，人在笼子里往外看的情形。还有一种棚拍，是我非常反对的，即建一个大棚，周围盖上毡布，毡布上开一些小孔，顶部留空，把各种鸟抓来放在棚里，人在棚外，可以通过小孔看到鸟儿，拍摄鸟儿。这种棚拍还收费，成为商业行为，而且需要捕捉，会伤害到鸟儿。鸟儿被捕捉到大棚里，就失去了遨游蓝天的自由，成为终生的"鸟奴"和供人们拍摄的商品。而自然、博物的拍摄也因此成为商业利益主导的活动中的一环，多么可悲啊。拍鸟实践也需要有伦理约束。

这么多年在圆明园、清华园以及其他地方拍鸟，采取散拍、抓拍，也让我在技能与身体方面得到了很好的训练与提高。

首先，拍鸟训练了眼睛。你要发现鸟，就要注意树上的动静，鸟儿经常在树枝上一边鸣唱，一边跳来跳去。我现在已经能够做到，只要树枝上有鸟儿跳跃，就可以很快发现它。人们说我眼尖，实际上这是鸟儿帮我训练出来的。谢谢鸟儿们。

其次，拍鸟训练了耳朵。过去，我只能听到鸟叫，分辨不出是什么鸟儿叫，现在可以分辨几种鸟儿的叫声了。理论上，拍鸟，第一步应该是听鸟儿叫，再循着声音去寻找鸟儿的身影；而实际上，我以前是先到处找鸟，然后在近处听鸟儿的叫声，再进一步仔细寻找。可现在进步了，就像技术哲学家德雷福斯所说，当一切都变为熟练行为时，耳朵与眼睛开始结合在一起，听与看浑然不觉地变成一体行为。

最后，拍鸟也加强了身体、仪器与技术的关联。在技术哲学中，技术哲学家伊德曾经多次讨论人与技术和外部世界的关系。他提出，人—技术—世界的关系有四种：具身关系、背景关系、他者关系、解释学关系。我患有腰椎间盘突出症，通过拍鸟，腰好了很多。每天都要走接近万步，身体得到了养护，而

戴胜   大山雀

且是在聚精会神观察与拍摄鸟的过程中不知不觉完成的，这不比专门到医院里治疗好多了吗？身体实践与拍鸟行为也浑然一体，比如手、脚、肩膀的锻炼和托举运动。对于相机的掌握，如何快速对焦，如何把单拍快速转变为连拍，也比以前好多了。喜欢摄影的人一般都有好几部相机，在这几种相机之间快速转换，也是一个问题。拍鸟过程要求你必须熟悉这些。设备使用手册会让你熟悉它们的各种功能，而拍鸟实践本身也能训练你，使你变得更加心灵手巧。我想，按伊德的观点，拍鸟实践中对机器使用

技术的掌握，在人与鸟、人与自然中间，究竟属于"人—技术—世界"关系中的哪一种呢？

拍鸟实践也让我开始进入博物学意义的鸟类认知世界，近年来阅读了不少鸟类图书，如各种鸟类图谱，包括《鸟类图谱——大师笔下的飞羽世界》《中国鸟类图鉴》《北京鸟类图鉴》《鸟——全世界 800 多种鸟的彩色图鉴》《雀之灵》《Hi，鸟儿朋友——观鸟小达人养成记》等，也开始知鸟、懂鸟，并且向周围的朋友普及、传递鸟类知识和爱鸟的情怀。

翠鸟

红胁蓝尾鸲

童年的山野万物，
如何滋养成年后的我

张红波

有个孩子在一天天长大，

他第一眼看到的东西，他就成了它。

那东西在后来的某一天、

某几年或岁月的流转中，

又成了他的一部分。

早开的紫丁香，变成了孩子的一部分。

三月的羔羊、粉红的猪仔、驴崽和牛犊，

还有红红白白的牵牛花、三叶草，

所有的这一切，都变成了孩子的一部分。

——沃尔特·惠特曼

我的家乡在长沙西部邻近韶山的一个县，从我家出发，开车约半小时，便能到刘少奇的故居。再往前开一段，就到了毛泽东的故里。小时候，去参观这两位伟人的故居，并没有特别的震撼，反而从心底涌起一种亲切感，因为这里与自己家并无不同。

我家乡的每一个村落，都必有一条河、两三座桥、数畦田野与温柔环抱着村落的山。村里人聚群而居，四五家或七八家，远近相闻，散布于田野边、山脚下、公路旁。在我上高中前，乡下人丁兴旺，大家过着自给自足的农耕生活。四季的流转、农事的更替，在这里自然地发生着。

三月，待春风吹绿了田野，孩子们就三五成群，去紫云英田里打滚，或者躺在花海中，听蜜蜂的嗡鸣、看云朵的变幻。还有油菜花地，灿烂的黄，大步

婆婆纳

豌豆花

芫荽花

油菜花开得热
闹，荷池还静寂着

樟树的枯枝
最爱长木耳

樟树上还长苔藓

杜鹃花，乡下人叫它映山红，开时照亮整个山野

大步穿行其间，令人觉得幸福。

三月三这一天，照例去地里找开花的荠菜，拔回家交给奶奶。看她把荠菜洗干净，和鸡蛋放在一起煮熟了，全家人吃一顿。这是我们乡下三月三的旧仪式。

奶奶还教过我们一首童谣：三月三，荠菜开花结牡丹。在乡下，自然是见不着牡丹的，我以为，牡丹是一种开在诗词里的花。所以，我不能理解这一句童谣。荠菜开花，怎么结牡丹呢？这不是骗人嘛。但这一句念起来很好听。说来也怪，荠菜平日里寻不着，一开花就聚在一起了，一丛丛的，热热闹闹。细长的茎上挑着白花，纤丽柔美，又有野趣。

"春在溪头荠菜花"。

几场雨下来，村里就热闹了。木耳从不同的角落，噌噌往外冒。樟树上结出肥厚的木耳，嫩而滑；草地里，则藏着地木耳[1]，得睁大了眼睛找，这小精灵很擅长与人捉迷藏。

当山里的映山红开得如火如荼，就到了采蕨菜的好时节。约上小伙伴，爬至半山腰，找到去年采蕨的老地方，弯下腰，热火朝天采起来。采蕨确切地说，叫掐蕨更贴切，但写出来少了些古意。

[1] 即普通念珠藻（*Nostoc commune*），俗称地皮菜、地木耳等。

一架金银花

用指甲轻轻一掐，嫩蕨芽就到手了。掐久了，食指和拇指都会被染成青色。四下里春光明亮，山中独有的草木香使人沉醉。间或有两三声鸟鸣，不知滑入了哪一朵花底。

临近端午，泡桐花与栀子花开了。泡桐花的紫，很高级；栀子花的香，很霸道。这两种花，都很受我们的青睐。此时，田里的秧苗刚插好，娇嫩的绿，浮在清浅的水上，远望如一层绿雾，十分养眼。青蛙在田里产了卵，无数小蝌蚪聚成团，黑乎乎的，一搅动，小蝌蚪就四处逃散，但很快又重新聚到了一起。

彼时，因农药化肥尚使用不多，泥鳅、黄鳝、田螺、鱼虾等，在池塘、水田、沟渠都能寻到。眼尖的孩子，一下午能在田里捡上小半桶田螺。这时节，最美味的要属河里的螺蛳。生长在河里的螺蛳，比别处的更洁净，捞回家只需养个两三日，就可做嗦螺[1]吃。

其实，不管是捞螺蛳，还是吃嗦螺，姿态都称不上优雅。捞螺蛳呢，撅着大屁股，手与脚都在水里，远看像一条拱着的蚯蚓。吃嗦螺呢，手嘴并用，嗦嗦有声，吵闹得很。桌上的嗦螺壳堆积如

---

[1] 即嗍螺，指用来嗍着吃的田螺，是独具特色的传统风味美食。常写作"嗦螺"。

山，这场景，有洁癖者定然看不下去，也吃不下去。但乡下人想要的，就是这份酣畅淋漓。我记得，村里有个男人，用牙签挑嗦螺吃，一度成为全村人取笑的对象。

至于夏天，好玩的事就多了。白天，去河里划木船，下池塘摸河蚌，爬树捉知了，每一天都新鲜，孩子们如田里拔节生长的水稻。夜晚，疯够了，就躺到凉席上，在蛙声中听老人讲故事。繁星满天，倾泻而下，常使人分不清现实与梦境。如果非要找一句合适的话来形容这情景，便只有这一句——醉后不知天在水，满船清梦压星河。

即便在"双抢"这样的辛苦季，我们仍能在农忙之余偷个懒，给青蛙挖个洞、把水蛇吓一跳，或者循着泥地里的小圆洞，把泥鳅揪出来。至于吸血的蚂蟥，当然也不怕，一旦被它叮上，定不会以德报怨。随手取一根稻草，像翻鱼肠一样将其翻过来，再放到田埂上晾晒，料它本事再大都无法翻身了。

秋天呢，又像春天一样，回归山野，打毛栗子、摘黄栀子、捡南酸枣。冬天期待大雪，小时候的雪不像现在的这般扭捏，每年如期而至。大雪来临前是有征兆的，寒风在村里呼啸着，黑云压地，天与地如此的近，仿佛村子都要被摧毁了。

近黄昏，只听得屋外沙沙急响，雪

初夏的青梅

枇杷

粒子直直地打在屋瓦和地上，蹦蹦跳跳，洒了一地。很快的，雪粒变成了大朵的雪花，从天上落下来。去雪里走一圈，进屋时，头发上、肩膀上都是白的。吃罢晚饭，一家人围炉烤火，我实在忍不住，不时跑出去，看外面是否全白了。入睡前，关了灯，雪光便映进来。此时的光，是一种雪青色，很特别。

茶树的花

乌泡子

　　关于童年与乡野，还有很多事，若细细写起来，恐怕一本书都写不完。小时候，在自然中，自然地玩耍、成长，并不会意识到自然对一个人的滋养有多深厚。直到离开家乡、去往远方，隔着距离与时间来观望，我才察觉到，童年乡野的万物给予我的滋养，是如此的宝贵；当我困顿或迷惑时，它总会给予我慰藉，助我酿出永不消逝的热情和快乐。

　　如今，我定居城市多年，仍对身边的自然有着真切的感知，我能看见造物的种种美好，且能被微小的物事感动，不得不说，这是一种很珍贵的能力。而最初为这份能力奠定基础的，就是童年乡野的万物。无论将来如何演变，它们都已化作我生命的一部分。

　　现代诗人徐志摩曾说："我生平最纯粹可贵的教育是得之于自然界，田野，森林，山谷，湖，草地，是我的课堂；云彩的变幻，晚霞的绚烂，星月的隐现，田野的麦浪是我的功课；瀑吼，松涛，鸟语，雷声是我的老师，我的官觉是他们忠谨的学生，受教的弟子。"对徐的品行，我不置评论，但他这段话说出了我的心声。就我个人而言，我最珍贵的情感，就是童年时从自然中获得的。

以自然为师，与自然相亲，一直是中国古代的传统。古代人认为，人和草呀树呀没有区别，都是自然的一部分，人与万物同在自然的循环里。人离了自然，是寂寞而少活力的。所以，我们能在诗词、画作里，看到古人们在自然中怡然自得。有的在山间漫游，有的在梅边吹笛，有的在花下畅饮，有的在月夜访友。风日洒然，令人动容。

小时候采蕨菜的狮子山

苏轼的《前赤壁赋》中有一句话："惟江上之清风与山间之明月，耳得之为声，目遇之成色，用之不竭，是造物者之无尽藏也，而吾与子之所共适。"何处山间无明月？哪处江上无清风？愿我们能觅得明月与清风，去领受大自然无用而美好的一切。

描摹

龙血树

陈超群

早就知道校园里有几棵龙血树，因为此前在图谱上见过，名字让我印象深刻，但并不十分引起我的好奇。龙血树，大概是树的汁液颜色比较深，也就是所谓的"龙血"吧。我闭着眼睛都能猜到，若是查查这名字的来头，准能找到许多个版本的勇士、神兽、屠龙之类的故事。那些故事一定光怪陆离，不乏血雨腥风，而最后灰飞烟灭，所有的传奇幻化为一棵龙血树。然而又怎样，还不都是套路？

真巧，还不是我一个人有此想法，我读到一位英国博物学作家的书，里面也这么说。然而，这位作家的零星描述，为我提供了一条通往另一个故事的线索，一个足以打动我的故事，与龙血既无关，又相关。

我读的这本书叫《颜色的故事——

调色板的自然史》，作者是维多利亚·芬利。芬利在写到红色颜料时，提到了龙血树。她写道，在亚历山大里亚（古城名，据传是亚历山大大帝征服埃及后在尼罗河口建立的城市）的市场，有一种物品叫作"龙血"，是从也门或者可能是从今天的印度尼西亚岛屿装船，穿越红海运到亚历山大里亚市场的。说到"龙血"这个名字，作者调侃道，如果有时间在市场上逛逛，或者小憩一下，只要花几个小钱，就可以顺便听听关于这种棕红色粉末如何获得"龙血"这个名称的传说，"人们会不断地诉说圣人、王子、公主和绿色巨兽的故事，这些故事要多少有多少"。向顾客滔滔不绝地讲述手中颜料"龙血"的神奇来历，是商贩抬高商品价值的惯用伎俩，无可厚非，而顾客也心知肚明，"归根结底，这粉末不过是一种特殊的'龙血树'的汁液"。

读到这里，我忍俊不禁。我也像一个游逛于埃及尼罗河畔颜料市场的顾客，听了一箩筐各种版本的"龙血"故事之后，颇感狗血，抬头遇见了作者，默契地相视一笑。相视一笑并非结局。我要说的，从这里才真正开始。

既然故事明显是杜撰的，那为何又叫"龙血树"呢？芬利写道，"这种树拥有这个名称，是因为它的树脂之黑，总叫人误以为，必是一种爬行类动物，才能分泌出这样黑的汁液"，直到今天，这种有色树脂"都是小提琴制作人的无价之宝"。浓黑的汁液，小提琴制作，无价之宝，这三个元素成功引起了我的好奇，芬利却在此惜墨如金，戛然而止。

在网上搜索关键词"龙血树"和"小提琴"，我很快了解到，"龙血"是提琴制作家最常用的染色材料。据传，意大利克雷莫那的古典提琴制作大师们在油漆中加入了纯龙血作为着色材料。使用龙血上色的小提琴色泽如红玉、清亮如水晶，使琴身焕发出稀世珍宝般的神秘魅力。仅仅这样的描述已使我遐想联翩。

在网络上琳琅满目的红色小提琴图片中，仿佛有股摄人心魄的魔力紧紧地抓住了我的视线——我瞥到了一部电影，《红色小提琴》，海报上有一把血

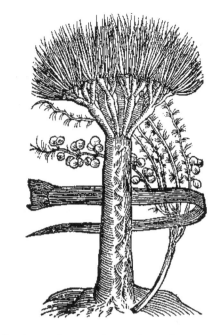

《颜色的故事——调色板的自然史》插图：
17世纪木版画上的龙血树

红的小提琴。于是，我打开网页，看到了这样一个故事：

17世纪的意大利，小提琴制造大师正在制造他人生中最得意的作品，打算作为礼物送给他即将出生的儿子，然而不幸的是，他的妻子难产，母子双亡。这位小提琴制造大师痛不欲生，将亡妻的鲜血涂抹在小提琴上，代表自己深切的悲痛和思念。此后，这把红色小提琴经历了300多年的风雨，见证了几代人的命运，有人为它疯癫、为它痴狂，甚至为它而死，却没有人知道这把红色小提琴真正的价值。直到有一个知道红色小提琴秘密的人出现，他最终得到了这

电影《红色小提琴》剧照

把小提琴，把它作为爱的礼物送给了自己的儿子，就像这把小提琴的制作人最初所希望的那样。

我们可以理性地说，亡妻之血是一种艺术表达，作为电影道具的意大利古典小提琴的红色是用"龙血"上色而成。然而，那一抹酷烈而浪漫的血色却仿佛挥之不去，叫人久久难以释怀。

我忽然对校园中那几棵龙血树产生了浓烈的好奇，想亲眼看看，龙血树的汁液颜色到底有多浓烈；我要想象一下，意大利的小提琴匠人是怎样把龙血汁液涂抹到小提琴上的。

满怀紧张与期待，我跑到校园里那几棵龙血树前，轻轻地掰断了一根幼枝。

然而，没有"血"，断面洁白幼嫩。

"龙血"呢？我非常困惑，上上下下端详龙血树，终于惊喜地发现，不知是由于风吹日晒还是刀砍斧劈，我眼前的这棵龙血树身上有几处伤口，伤口处均覆有一层带铁锈红色、发黑的粉末状或脂状物质。取下一些粉末，用手指捻一捻，血色。龙血，没错，这就是龙血。

原来，龙血树并非想象中那样，树枝一折断马上流出"血"来，所谓的"龙血"，是这种树在受到外界伤害后分泌出来的一种保护物质。这倒是与沉香树产生沉香的过程有些相似。

我不想用类似"自己忍受痛苦，为他人提供好处"这样的道德角度来描述

龙血树的"龙血"
摄于深圳大学城清华校区

海南龙血树
（*Dracaena cambodiana*）
摄于深圳大学城清华校区

龙血树，那太矫情。但是，我依然想感谢龙血树，它让我穿越时间和空间，从尼罗河畔到意大利，从颜料市场到小提琴制作大师的工作室，在要多少有多少的故事中，看到了满意的故事。

"地方风情" 三篇

田震琼

白族美食

虽然现在大多已经采用了先进的农业机械，苍山脚下洱海边偶尔还会看到
"二牛抬杠"的传统耕地方式。

　　大理是一个神奇的古城。世世代代的白族人生活在苍山洱海间，耕耘着屈指可数的几片土地。就在这依山傍水的小城里，人们却创造出了各种养育一方的美食。洱海水滋润着这片土地，水稻也是白族的主要农作物，在大理种水稻是以隆重盛大的"插秧节"开始的。

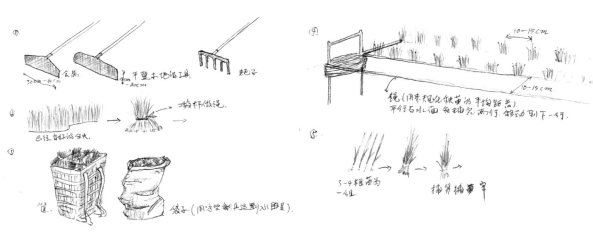

① 食厨
3cm～40cm
平整木地面工具 ～20cm
耙子

② 巳经育好的秧苗 → 用杆作绳

③ 笙 袋子(用运输到具运到水(田里)

④ 绳(用未规化秧苗的平均距离)
平行与水面 每插完两行, 移动到下一行
10-15cm
10-15cm

⑤ 3-4根苗为一组 → 捅紧插稳

田野学校

花观道
2017.5.13. 平大观花道英语影子用.

插秧并不像想象中那样简单，除了掌握育秧和使用工具的技术，还需要丰富的经验，更需要有健康的体魄和乐观的心态；在地头经常能听到不时传来的歌声。

水稻收获之后经过各种复杂的加工制作，变成了饵块、米线、干拉（音gang lang）等百姓常用食品。白族人每天早上以一碗米线开始，我来大理多年也入乡随俗地养成了这个习惯。饵块的做法多种多样，煎炒烹炸均可。

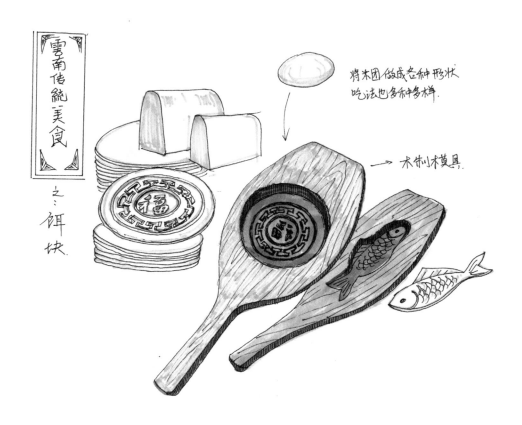

云南传统美食

之 饵块

将米团做成各种形状，吃法也多种多样。

木制模具

把米糕放入木制模具中制作出各式吉祥图案。

下面图中介绍的是人神皆可食用的"干拉"的制作。

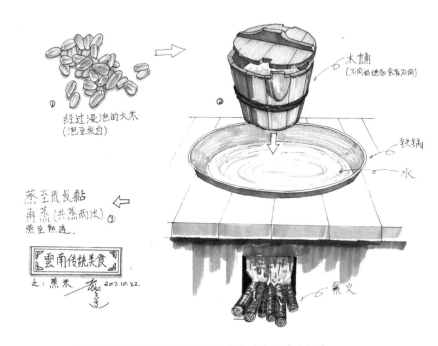

① 经过浸泡的大米
（泡至发白）

② 木桶
（不同的地区会有不同）

铁锅

水

蒸至微发黏
再蒸（共蒸两次）③
蒸至熟透.

雲南传统美食
之：蒸米. 2017.10.22.

柴火

新鲜的大米经过浸泡和几次蒸煮才符合制作的标准。

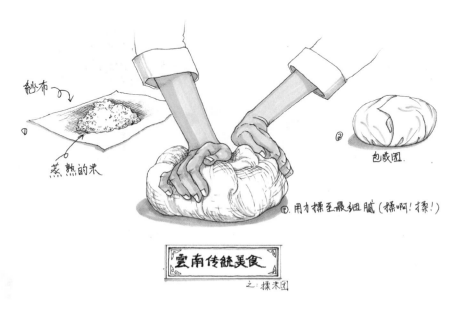

① 纱布

蒸熟的米

② 包成团.

③ 用力揉至最细腻（揉啊！揉！）

雲南传统美食
之：揉米团

把蒸好的米用纱布包起来不断地揉搓，以适用于接下来的程序。

也可以先用机器把米打成粉状，直接用水和好。

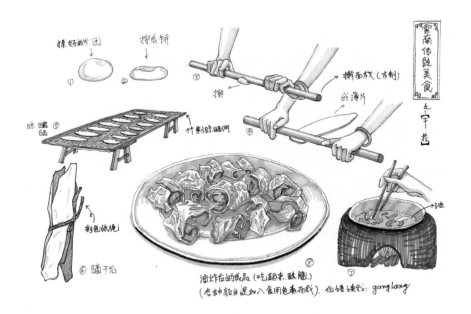

把和好的米制作成型，上色，经过晾晒，油炸出成品。可直接供人食用也可用于祭祀，祭祀用过的干拉又升级为具有神奇功效的食品。

田震琼

嘉绒藏族

一次，借机会来到位于四川雅安的嘉绒藏族乡，目睹和体验了他们的生活。作为一个非少数民族人，初来乍到一切都是那么新鲜和陌生。在远处雪山衬托下的赭红色民居、客厅中央的火塘、吃饭时肉和菜摆得整整齐齐的火锅、主人们跳的优美雄壮的锅庄等，无不让我印象深刻。但我最感兴趣的还是她们日常的手工艺。

我觉得记录少数民族原生态的生活很有趣，他们的生活看似平常，但充满了朴实的智慧。地理、环境、人文、宗教等因素的影响，使人们想尽办法让自己活得舒服而快乐。放牛不简单，纺线不简单，织花腰带更不简单，对我们来讲很陌生，很新奇，而对嘉绒藏族的人来说都是生活必备技能。

2018.02.17

【阿泰家的生活】之喂盐

在我们的生活中处处都是学问。如今所谓的教育，让我们的孩子赶场似的去上各种补习班，其实还不如让他们回到生活本身，自己做顿饭，做件衣服，甚至自己盖个房子。这些都是从前百姓人人能做到的。

远远地看到牧场女主人送盐巴来, 牦牛流出了口水。

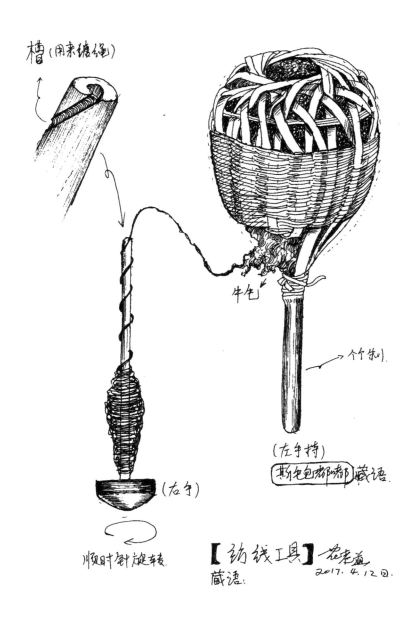

槽(用来缠绳)

牛毛

竹制

(左手持)

斯毛包嘟嘟 藏语·

(左手)

顺时针旋转.

【纺线工具】罗素画
2017.4.12日.

藏语:

把剪下来的牛毛纺成线的必备工具"斯毛包嘟嘟"（音），
是一种用竹篾编制的笼形的纺线工具。

把牛毛纺成线的场景（称"吊羊毛"）

两股线合成一股。

女人们纺线时的动作就像在跳锅庄，让人心动！

据说织花腰带是女人们必备的技能，在出嫁前就要掌握。腰带上的很多图案取材自自然界和日常生活，比如闪电、雪花、熊猫的脚印，甚至还有火塘上的炉架。

田震琼

东北酸汤子

写这篇短文正值大年初二，身在云南的我只能流着口水写下去。离开东北老家差不多三十年，每每想起东北酸汤子就会情不自禁地想念。舅妈在锅台边转汤子的身影还历历在目，以前我每次吃酸汤子都会吃到撑。（那时候舅妈家的大园子里有自己酿制的东北大酱，没事儿我们也会去"打打耙"。大酱的制作过程也蛮有意思这里就不展开了，因为吃酸汤子鸡蛋酱是绝配，离不开东北大酱。）后来再回东北老家，工艺已经改良了，不再用人工转，而是改成压制成型。没有大锅台也就转不起来了，也就没有了舅妈爱的味道！我问过很多辽宁和吉林的人，他们对酸汤子似乎很陌生。难道只有黑龙江有？不得而知了。言归正传，下面咱们看看东北酸汤子的具体制作过程吧！

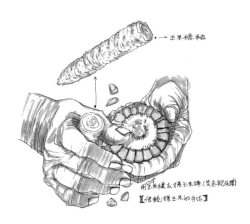

→ 玉米穗轴

用玉米穗去搓玉米棒（装点乾成瓣）

【传统】搓玉米的手法】

"扒苞米"，把用苞米"串"子"串"过的玉米用纯手工再次脱粒。男男女女围坐在一起，一边干活一边说笑，也不失为一种消遣。

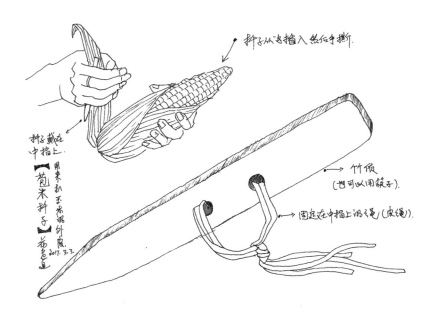

把晒干的玉米（东北称苞米）皮用自制的工具（苞米扦子）剥下来，以备脱粒。

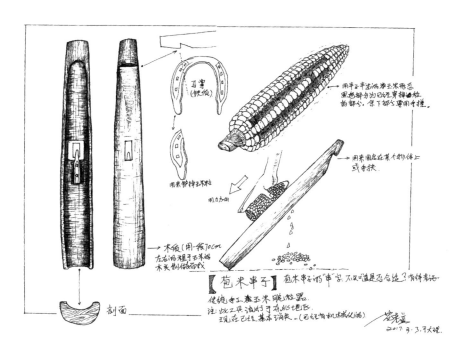

这种手工脱粒的工具（苞米"串"子），不知道起源于何时？打我记事时就早已
存在。制作并不是很复杂，但选材要合适，木质要坚硬耐磨。

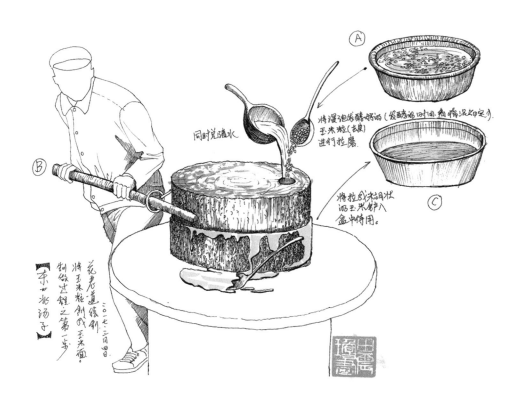

同时兑清水

将浸泡发胀好的（发酵过）玉米粒（去皮）进行拉磨。

将拉成米糊状汤玉米铲入盆中待用。

Ⓐ

Ⓑ

Ⓒ

范老道缘村
将玉米粒刨成玉米面。
制作过程之第一步。

东北汤子

提前把玉米用清水浸泡至发软，然后用石磨磨成黏稠的汤状。拉磨是力气活，所以大家会轮流来做。

各种草木烧成的灰

→ 草木灰
（起到吸水源作用）

→ 沙布（用来过滤菜
防止草木灰进
入盆里）

東北汤子
制做过程之第三步

→ 磨好玉米浆

注：草木灰、沙布均盖在玉米浆油上面 过一段时间
把吸走了部分水分后即可制做汤子面。 崔秀立
2017. 3. 4.

草木灰用来吸掉玉米面里的水分。

①将吸掉水分的面.(和好)
②弄成饼状
④将煮好泡生面和硬面一起和面
⑤在开水里烫一下.(2秒)
⑤和好的玉米面

出

挤汤子用的一种工具(汤子套)现代已经不用了.

汤子面

汤子套

用双手一起挤甩(同时)甩是为了使其匀一些.

煮面的锅.

完成的汤子了(可以吃了).注:主要材料:鸡蛋酱(东北传统大酱).

【東北汤子】
完结篇.
花花蛋
2017. 3. 8日.

小时候只知道吃,并没有观察制作过程,转汤子的详细过程是打电话听妈妈说的。为啥叫转汤子呢?锅再大也有限,所以要转着圈,通过手上的小工具把面甩出去。也像是把一坨面"攥"在手里,通过小工具挤甩出去,所以又叫"攥汤子"。

一大碗汤子做好了!配上新炸好的鸡蛋酱,对我来讲就是带着年味的家的味道。

2018.02.17

"博物画"五篇

李聪颖

禾花雀的眼神

2018 年的元旦前，正是年终岁尾、辞旧迎新的喜庆时刻，我却画了一只绝望的小鸟，作为 2017 年的收官之作。

这只个头和麻雀差不多的小鸟，名字叫作黄胸鹀（wú），学名 *Emberiza aureola*，属于雀形目鹀科。它还有一个别名：禾花雀。

就在前不久，2017 年 12 月 5 日，世界自然保护联盟（IUCN）官网宣布更新濒危物种红色名录。其中，黄胸鹀的评级从"濒危"升为"极危"。

要知道，2004 年之前，黄胸鹀还在"无危"之列，短短 13 年间，就经历了从"近危"到"易危"、"濒危"，再到"极危"的过程。

到底发生了什么？

黄胸鹀的分布其实很广，横跨整个欧亚，数量非常庞大。但是这种小鸟不喜欢高山峻岭，每年秋天迁徙时，会聚集成群，通过中国的东南地区，从广东一带飞往东南亚。而某些中国人认为这种小鸟有壮阳的奇效，号称"三雀一只参"，令食客们趋之若鹜。1992 年起，广东佛山三水每年都会举办一次"禾花雀美食节"，至少有几十万到上百万只黄胸鹀在那几年的美食节中被吃掉。禾花雀美食节于 1997 年被禁，但之后黑市贩卖仍然数额庞大且屡禁不止。

整个迁徙路线上，一张张大网等着禾花雀。很多非法的捕鸟人将捕获的鸟儿集中养在育肥窝点里，喂肥一点以卖出高价。森林公安将这些窝点捣毁后，能做的也只是放飞，而重获自由的黄胸鹀，几天后又不知道会飞到哪个田间，再一次被一网打尽。

随着数量减少，市场上禾花雀的价格越抬越高，食用这个物种便成为某些人身份地位的象征。高价诱惑着人们铤而走险继续捕捉，继而价格更高，捕捉更疯狂，数量下降更快。我询问了几个观鸟爱好者，近几年，他们越来越难见到禾花雀了，有个朋友给我看他三年前拍的禾花雀照片："太远了，效果不理想，一直想着再拍，可是再也没有遇到过。"

这不仅让我想起103年前，一个比黄胸鹀数量更大的物种——旅鸽——流下的最后一滴眼泪。旅鸽是北美大陆独有的一种鸽子，它们生活在洛基山脉东部的森林地带，主要以植物果实和小昆虫为食，到了冬季会飞到南方的温暖地带过冬。一些学者根据历史上的一些记录推测，在欧洲人到来之前，北美有多达50亿只旅鸽。旅鸽是一种极度依赖群体的动物，它们集群栖息。据估计，一个旅鸽群的数量最少也在百万只以上，所到之处，遮天蔽日，蔚为壮观。

但是随着越来越多的欧洲拓荒者进入北美，旅鸽肉逐渐成为人们喜欢的美食。捕猎者在旅鸽群栖息的地方竖起捕猎网，一次就可以捕捉大量旅鸽。到19世纪70年代，美国南北战争结束后，鸟类学者已经很难发现大片的旅鸽群了，而各地发现野生旅鸽的记录也越来越少。进入19世纪90年代以后，旅鸽的野外记录几乎没有。

1900年3月22日，在俄亥俄州派克县郊外的林地里，一位14岁的少年猎人用自己的气枪打下了一只野生旅鸽，这是至今为止最后一例野生旅鸽的记录。

为了不让旅鸽的绝种成为现实，19世纪80年代，芝加哥大学的查尔斯·惠特曼（Charles O. Whitman）教授从野外抢救回来几只旅鸽，尝试人工饲养和繁殖它们，但是经过几代后，鸽子的数量越来越少。1914年9月1日中午，最后一只旅鸽玛莎死于饲养笼里，据说它的眼角有一点湿润，人们相信那是旅鸽流下的最后一滴眼泪。

对比旅鸽的经历，我禁不住心酸起来，想要为日益稀少的禾花雀画一幅像。

我们画画的人，有一条重要的行为准则——如果需要参照网上找到的照片来画画，一定要首先征求照片拍摄者的同意，联系不到人或者对方不同意，就不能用。如果实在喜欢，参照着画了，也必须止于自娱自乐，不能公开宣传，更不能用作商用。

幸好，如果想做一件好事，总会有热心人来帮忙。所以，第二天，我便得到了一幅高品质的禾花雀照片的使用授权。（感谢热心的朋友、慷慨的摄影师，还有帮助我找寻高清照片的小伙伴们。）

说画就画，我依旧用了丙烯。禾花雀棕黄相间的羽毛，既有着浓艳的花纹，又有着蓬松顺滑的质感，和丙烯的特性很是契合，画起来很顺畅。

你看，你看，我笔下孤独伫立的黄胸鹀，眼神茫然，透着一丝绝望。

我望着黄胸鹀的眼神，许下我的新年祝福：祝福新的一年里，这美丽的小精灵还能一直自由翱飞；祝福新的一年里，我们人类向大自然索取的时候，能少一点贪婪，多一点敬畏。

禾花雀

李聪颖

大画家的小浪漫

2014 年开始画植物以来，陆陆续续买了一些经典的植物绘画书籍，认识了一些几百年前的植物画家。他们个个有着非凡的画工，手绘出一幅幅风格各异的精美作品。经过漫长岁月的洗礼，那些留存于世的画作仍然熠熠闪光，惊艳着后来人。

其中，我最喜欢的是雷杜德。雷杜德的全名是皮埃尔-约瑟夫·雷杜德，他以玫瑰、百合及石竹类等花卉绘画闻名于世，被誉为"花之拉斐尔"。雷杜德一生中几经政治危机，在不同政治体制中幸存下来。

年轻的雷杜德曾经是玛丽·安托瓦内特（法国路易十六的王后）的专职画师。法国大革命及恐怖统治时期，国王和王后都被砍了头，政治动荡骚乱之中，他仍旧心无旁骛地画画，以专注的精神和精湛的画技征服了越来越多的人。

越努力越幸运的雷杜德，在 1804 年拿破仑加冕成为皇帝后成为约瑟芬皇后的御用画师。他历时 20 年，为皇后的玫瑰花园手绘了 **169 种玫瑰的娇美容颜**，完成了著名的《**玫瑰图谱**》。

约瑟芬死后雷杜德一度遇冷，但他从未放弃过绘画。他为近 50 部植物学著作绘制了插图，创作了 2100 幅植物图谱，涵盖 1800 种植物，**被授予荣誉军团勋章骑士称号**。

1840 年 6 月 20 日，雷杜德在观察一朵百合时，不小心摔倒去世，享年 81 岁。

世人评价雷杜德的画具有"将强烈的审美加入严格的学术和科学中的独特

绘画风格"，《玫瑰图谱》在世界各国以各种语言共出版了200多个版本，几乎每年都有新版本降临人世，被尊为"玫瑰圣经"。

每次看到雷杜德的画作和他的生平事迹，敬佩之情油然而生。

对于我来说，向大师致敬的最佳方式，就是临摹一幅他的玫瑰画作。选哪一幅？我翻开他的画集，仔细地看了又看。

这一仔细看，我发现了雷杜德的一个小浪漫。

要知道，科学植物画作为一面是科学一面是艺术的独特画种，科学是首要的准则，所以，画师在创作的时候，所有的变形都要尊重物种的形态，自由表达的空间非常有限，绝不可以天马行空，随意发挥。

但是雷杜德有他自己的小浪漫，在极尽所能表达玫瑰之形之色的同时，他在画作中添加了一点点浪漫元素，既不影响整体的科学和严谨，又抒发了画家内心的温柔情怀。譬如翩飞的蝴蝶，又譬如晶莹剔透的小水滴。所以，我最终选择了既有蝴蝶又有小水滴的一幅玫瑰来临摹。

雷杜德那个年代的画师，用的应该都是水彩吧。不过我能找到的并不是他的原画（估计到法国才能看到），也不是原画的扫描电子版，而是其铜版画的扫描电子版。

以将近两百年前的版画工艺水平，由原作到版画，不可避免会丢失许多细节；印在纸上，再由工人们手工上色，又会造成一些误差。所以，我能找到的版画虽然看上去已经算是非常精美，但和原作相比，一定差了很多。（我并没有福气看到原画，只是大胆作此推测。）

我原想临摹原画，最后也只能退而求其次。我想，通过临摹版画来感受大师的构图、造型、色彩，也一定会有收获吧。

果然。在画的过程中，我刻意略去版画特有的线条，一边想象雷杜德原画的流畅细腻，一边尝试将其表现出来。至于因版画工艺造成的结构细节上的失误，我平时对玫瑰的观察也不够仔细，实在没有把握修正，所以选择遵循版画原本的模样，不做任何改动。

画植物最难的通常是叶子。而雷杜德对于叶脉和叶片颜色的处理，显然是找到了规律，轻车熟路、游刃有余，整体平衡和细节把握都看着很舒服。我临摹玫瑰叶子不久，便隐约能够感受到一种律动。跟着节奏来画，整个人变得放松，笔触也随之轻快许多。

画到花瓣上那滴晶莹剔透、几欲滑落的水滴时，我微微有点紧张，因为这

是我人生第一次画水滴。我画的时候就在想，雷杜德这滴水是什么呢？雨滴？园丁洒的水？画家自己的泪滴？其中的暗喻究竟是什么呢？

　　水滴的正下方不远处是一只蝴蝶。蝴蝶下面还有一片叶子，版画的线条杂乱，加上手工染色不匀，使得蝴蝶邻近叶子的区域糊掉了，我研究了好久都没搞清楚结构，只好稀里糊涂猜着画，越画越觉得怪怪的。到快结束的时候，我突然恍然大悟——蝴蝶不该在叶子的上方，而是在叶子的后面，大部分的身子和腿被叶子遮挡住了。呃……醒悟得太晚了，已经基本画完，没有办法再修改了。所以，蝴蝶成了败笔。转念一想，其实没有太大关系。不是吗？临摹画作的初心是受启发、有收获，已经达到目的啦，必须开心啊！

　　三天的时间，我完成了这幅玫瑰版画的临摹。画毕，我看着那一滴似乎马上就要滑落的水滴，想象它落下之后会怎样呢？滴在蝴蝶身上，蝴蝶会吓了一跳，赶快飞走吧？哈，看来大画家雷杜德不仅有着小浪漫，还有些小调皮。

李聪颖（图文）

不普通的普通翠鸟

第一次对翠鸟产生印象是通过小学语文课文，一晃三十年过去了，只隐约记得描写的是翠鸟在水边捕鱼的情景。农村小学的讲台上除了课本就只有黑板和粉笔，我透过课文和简单的插图，尽情想象着翠鸟的鲜艳和敏捷，心想什么时候能看到活的翠鸟就好了！只可惜到现在我都未能如愿。

我近几年开始画画以来，绝大多数的题材都是花草，鸟兽极少涉及，主要是我自己观察的机会太少，也不懂。去年机缘巧合，遇到一只戴胜，近距离观察之后，觉得简直太有趣了。绘之写之，算是第一次画鸟，虽然各种别扭、勉强完成，但是也觉得很新鲜，很好玩。

前不久又机缘巧合，看到一幅高清的翠鸟照片。它的嘴里衔了一条鱼，得意的小眼神亮晶晶的，一下子吸引了我！瞬间想起小学时的那篇课文，内心有声音响起——"画下来！"和2017年画戴胜采用纯水彩的画法不同，这次我尝试先用针管笔画出素描效果，然后再用水彩上色。进展还算顺利，五六个小时就完成了这幅 A4 纸大小的小画。

画完查资料，才知道这只翠鸟的名字叫作"普通翠鸟"，而且是一只雄鸟（分辨雌雄最简单的方法是看嘴。下嘴橘红色为雌，下嘴灰黑色则为雄）。普通翠鸟在中国有多个别称，譬如鱼狗、鱼虎、钓鱼郎……看名字就知道这种鸟儿有多么爱吃鱼！而我们平时所说的翠鸟，事实上是佛法僧目翠鸟科翠鸟属（共15种，48个亚种）的统称。翠鸟属大都羽色艳丽多彩，娇小美貌，孤独而凶猛，它们

翠鸟.

生活在水边，不但吃鱼虾，也吃甲壳类和多种水生昆虫。中国有 3 种：斑头大翠鸟、蓝耳翠鸟和普通翠鸟，其中普通翠鸟相对比较常见，名字中的"普通"二字可能源于此。

说到翠鸟，不得不提一种工艺——点翠。没错，此翠即彼翠。大致的流程是，先以金属制成底托，将银子拉成银丝，用银丝捻成绳纹花丝，勾勒出图案纹样，经过鎏金处理后，将翠鸟的羽毛修剪成相吻合的外形，粘贴在线条间的凹陷处。

点翠工艺最早见于汉魏，清代的点翠技艺用得最多，这种工艺不仅用于制作首饰，甚至延伸到团扇、插屏、盆景等其他生活用品中，处处翠色，成为风尚。

点翠的迷人之处就在于其特殊的如梦似幻而且经久不褪色的光泽，这种光泽是大自然造物之神奇的最直接体现。据史料记载，翠羽必须从活的翠鸟身上拔取，看看古人们为了美可以多么凶残……

尽管点翠美不胜收，但想到可怜的哀鸣的翠鸟，我们还是宁愿这种技艺永远消失在历史长河中吧。

李聪颖

让人纠结的"蓝尾石龙子"

画画是个耗时耗力的过程，一幅风格细腻的画动辄要几十个小时之久。唯有画自己喜欢的东西，才能让漫长的画画过程变得愉悦无比。借用曾孝濂老师的话："一定要画能打动自己的主题。"

"天地有大美而不言"，所以，要"多识于鸟兽草木之名"。草木看多了，偶尔也会被鸟兽吸引，尝试画一点玩玩，也别有一番乐趣。偶然看到蓝尾石龙子的照片，第一眼就被惊艳到了——闪亮的眼睛，光滑的身体，细密的鳞片，时髦的条纹，炫酷的蓝尾，瞬间就令我着迷，不画不快啊！

可是我从来没有亲自观察过蓝尾石龙子，手头也没有高清照片，急三火四地央求野生动物摄影达人们，终于搞到几幅勉强清晰的照片，迫不及待开画了。

隔行如隔山。画动物和画植物有太多不同。身体结构搞不清楚，反复比对多幅照片，还是稀里糊涂、模棱两可。尤其寻找石龙子身体各个部位的鳞片排布规律，简直让人抓狂，画了不到一半就信心锐减。"这次坚持完成，就当一次预习，有机会再近距离好好观察，画幅更好的。"每次画不下去的时候，我都会这么自我暗示。

画毕，刚上传到朋友圈，好友林捷（微信名"小丸子"，公众号"草木有语"）就私信告诉我，她刚刚在野外看到一只蓝尾石龙子，并传过来她拍的照片，隔着手机我都能感受到她的兴奋劲儿；葫芦岛市的朋友也传来春天"刷"虹螺山拍到的蓝尾石龙子，原来本地也有啊！真希望自己以后"刷"山时也能幸运地

遇到。

按理说，画完应该暂时告一段落了，但是无意间在"百度"上查阅了有关蓝尾石龙子的资料，感觉就像不小心打开一个神秘的盒子，里面趴着各种蓝色尾巴的石龙子！我试着用最通俗的话来解释一下：*Eumeces elegans*，大陆称作蓝尾石龙子，台湾称作丽纹石龙子，"爬友"[1]们称作"南五线蓝尾石龙子"（因

其背上有五条线）。这种石龙子幼体背部有五条线，尾部蓝色，长大之后，"五线"和"蓝尾"两个特征都会逐渐消失，变成黄褐色的样子。蓝尾石龙子分布偏南方，在国内分布在河南、江苏、浙江、湖北、安徽、四川、云南、湖南、江西、台湾、福建、广东、广西、贵州。

但是要注意，外貌特征符合"蓝尾石龙子"或者"×线蓝尾石龙子"的蜥蜴其实种类繁多。随便举几个例子：黄纹石龙子（*Eumeces capito*），俗称北五线蓝尾石龙子，是最容易和真正的蓝尾石龙子混淆的种类，幼体几乎一模

---

[1] 指爱好饲养爬行动物的人群，又称"玩爬的"。

一样，但是成体有明显的区别；四线石龙子（*Eumeces quadrilineatus*），俗称四线蓝尾石龙子，是国内唯一一种尾部蓝色终生不会消失的石龙子；中国石龙子（*Eumeces chinensis*），幼体具有蓝尾，背上有三条线，体侧有黄色斑点，所以也有人称它"三线蓝尾石龙子"。成体身上"三线"和"蓝尾"的特征会逐渐消失；五线石龙子（*Eumeces inexpectatus*），分布在美国东南部，幼体与国内的黄纹石龙子和蓝尾石龙子几乎一模一样……

总之，石龙子属很多种类的幼体都具有蓝尾的特征，背上也有线，从两条到五条都有，故以"×线蓝尾石龙子"这样的名字来称呼这些石龙子并不科学。石龙子科其他属，以及蜥蜴科、板蜥科、美洲蜥蜴科也有尾部蓝色的种类。

资料查毕，赶快仔细对照一下自己画的那只，再看看林捷拍到的那只，还有朋友在葫芦岛拍到的，似乎可能是正宗的蓝尾石龙子。但实在也不敢确定，好纠结啊！期待以后有机会进一步了解这种美丽的小精灵。

李聪颖（图文）

爱不够的桔梗

有朋友说，你爱上桔梗（*Platycodon grandiflorus*）了。是的。因为我找不到不爱的理由呀。

虽然没有繁多的花瓣，没有丰富的色彩，没有成簇的花丝，没有复杂的结构，没有浓烈的芬芳，没有高大的植株，没有神奇的药效，但是，桔梗仍然是特别美丽的野花，不是么？

尤其在绿肥红瘦的夏末秋初，幽暗的荒山林缘，老远就能看到草丛中那一抹蓝紫，亮晶晶的，带着几分仙气。每次看到，都能让人精神一振。走近蹲下，凝视和触摸大铃铛般的花朵或者玲珑有致的花蕾，清透、滑润、优雅、静谧，不由得让人感慨造物主的了不起。

当然，如果偷懒不想去野外，葫芦岛的大多数小区也能看到桔梗。不过，野生和栽植的桔梗气质完全不同啊！野生的桔梗花通常长在林边或山坡，一株野生的桔梗上一般只能看到一两朵花，加之花儿玲珑秀美，让人感觉每一朵都是如此珍贵，圣洁不可亵玩。而小区里种的桔梗高大健壮，盛花时节，每一株上都顶着七八朵甚至十几朵花，植株大多头重脚轻，东倒西歪，单看每朵花也很美，但是那样的一大丛……呃，顿觉廉价了一点点。

作为一个植物手绘爱好者，欲画桔梗，观察先行。从7月初发现第一朵桔梗花绽放开始，我就特别留心龙回头栈道附近的野生桔梗和小区里种植的几株桔梗，断断续续地一直观察到8月末种子成熟。

小区里那几棵桔梗郁郁葱葱，盛花

期的时候，每株上都密密匝匝拥挤着几十朵花，手痒的我偷摘了几朵回家解剖观察。也不是故意偷，不过好巧，每次去的时候都恰好四下无人（感觉这个借口好牵强）。阿弥陀佛，罪过罪过！后来朋友安慰我说，那几朵桔梗花是为科学献身的，而我的行为，"窃花不能算作偷花"。好吧，心里顿觉舒服了一点点。

攒齐了根、茎、叶、花、果的资料，开画。为了突出结构，我先用黑色的防水针管笔画了线稿，然后水彩上色。不曾想总有这事那事打岔，一幅四开的画竟磨蹭了大半个月才完工。

桔梗的叶片从卵圆形到披针形都有。我画的这种卵圆形的叶片一般长在茎上最粗壮的部分。桔梗的花蕾鼓鼓的，侧面看上去像顶贝雷帽，俯视则像颗幸运星，中国古人见到它想起的是包袱和僧帽，因此桔梗又叫僧帽花、包袱花；而外国人看到它的花蕾，想起的是气球，所以桔梗的英文名字是"气球花"（Balloon Flower）。我剖开了一个花蕾，"星星"的中间，雄蕊抱着花柱，正在养精蓄锐呢。观察桔梗花时，可以看到盛放时花心经常有两种状态——一种柱头处于合拢状态，而雄蕊已经舒展，正在释放花粉；另一种雌蕊成熟，柱头裂成五瓣"小白花"。

大约80%的花都是雌雄同体的。雄蕊的花粉转移到雌蕊的柱头上，才有可能受精结果。理论上，雌雄同体的两性花很容易就可以给自己授粉，但实际上它们大部分不会这么做——花儿们更热衷于异花授粉。

可是为什么做更加费力的事情呢？我在美国作家沙曼·阿普特·萝赛的《花朵的秘密生命》一书中看到了科学家们的推测：

一、当细胞准备分裂时，细胞中的基因开始复制。在复制过程中，偶然的变化或误差可能是有害的，甚至是致命的。但是当个体得到的基因来自父母双方时，危险的突变就会被中和，因为正常的基因形式通常会取得主导，突变就不会表现出来了。而在无性生殖中，每代的有害基因会一直累积下去。

二、来自不同亲代的基因重组，也会造成更多样的后代。根据自然选择的原则，基因重组的结果必须对子代有直接的利益。在多样的世界里，多样的子代有更多生存下去的机会。

三、还有一种理论，自然选择并不会因为异体授精有利于物种延续而偏好它们，它并不在乎物种的存亡。不过异体授精对物种的确是有利的，因其能防止有害突变堆积，同时促进族群本身的多样性。当天气变冷、授粉者消失或新的疾病侵袭时，这样的族群中有些个体

仍能存活并继续繁殖下去。从长远看，有性生殖的物种可能就是最后的赢家。

综上所述，异花授粉好处多多。但是对于大多数的花儿来说，雌蕊和雄蕊大多集中在花心狭小的区域，为了避免互相碰触导致自花授粉，聪明的花儿们想出了不少妙招，譬如桔梗花采用的这种雄蕊和雌蕊先后成熟的策略：雄蕊先成熟，释放花粉，引来蜜蜂；花瓣上深色的纹路指引了花蜜的方向，小蜜蜂循着纹路爬到花心，背上不知不觉粘上了花药上的花粉，再造访下一朵花的时候，花粉蹭在另一朵花朵成熟的雌蕊上，不知不觉顺便传了粉。

把桔梗的果子横切，可以看到子房分隔成五个小房间，每个小房间里都排列着许多黑亮的小种子。透过放大镜可以看到种子的形状就像大幅度缩小的黑豆，每粒种子都有大半个浅绿色半透明的环状物，我在植物志上并没有找到相关的描述。我猜那个环状物可能有两种功能，一是干燥之后呈翅状，有助于种子在空气中传播得更远（类似翅果）；二是其中含有糖、蛋白质、油脂，这种"芳香体"作为种子上的附属物，有助于吸引来蚂蚁，让蚂蚁在搬运食物的同时顺便传播种子（类似堇菜属的种子）。

桔梗的根有点像人参，可以用来做咸菜，也可以入药。不过，药店和超市卖的都是人工种植的桔梗。因为在野外，野生的桔梗并不多见，想必是秉承实用主义的人们多年来锲而不舍不断采挖的后果。

虽然桔梗不是濒危物种，但是"刷"山时偶尔看到耀眼的蓝紫，仍觉得珍贵无比。我觉得自己很幸运，因为在葫芦岛，每年夏天都能有几次惊喜地邂逅野生桔梗花，真心希望这种幸运能延续下去。

描摹

聆听寂静 *

杨雪泥

自从开始观鸟之后，我才意识到自己有一双耳朵。

这让我想起一件久远的小事。高中某个暑假，我报名参加一个夏令营。面试的时候，考官让我画一张自画像，我用两秒钟时间画了一个不分男女的简笔人。考官看着我的画良久，慈祥地对我说："你把自己的耳朵画得很大，这说明你是一个善于倾听的人。"

我很感恩她的善意，却没有着力发扬这一优点，反而日复一日沉默下去。

* 本文是作者在北京师范大学学士学位论文《聆听·博物·寂静——关于观鸟活动中听觉维度的哲学思考》的一部分，有所增删，指导教师田松教授，课题支持：中央高校基本科研业务费专项资助项目"博物价值与生态文明建设"（SKZZB2015044）

直到开始观鸟，才想起有人称赞过我有一双善听的耳朵。

记得第一次观鸟，在孟夏清晨，学校小花园还寒意侵人，北师大的赵欣如老师说："我们都不说话，听一分钟，数数能听到什么。"一分钟的沉默蔓延着，但声音不绝于耳，有低柔的"咕咕咕"、沙哑的"喳喳"声、嘈杂的"吱吱"叫、颤抖的"嘀嘀嘀嘀"，还有粗厉如"哇——啊——啊——"的长鸣。一分钟结束后，赵老师一边模仿，一边指认那些声音，听音辨鸟之功令人讶然。更让我念念不忘的是那一分钟的安静，原来安静中竟有如此生机。

台湾的野地录音师范钦慧说，安静是"一种审度环境的感官开启"。我的理解是，一旦在沉默的寂静中开始倾听，

黄腹山雀　2017 年 11 月 25 日摄于北京奥林匹克森林公园南园

周遭的环境就会以声音的形式源源不断地汇涌而来，而倾听者也开始用耳朵勾勒、理解、评价、反思特定的环境。

　　观鸟开启了我的听觉感官，使我学会以这种新的视角审度我身处的环境。我的沉默不再显得尴尬，因为它不仅关于嘴，也关于耳。王小波说："人不光是在书本上学习，还会在沉默中学习"，并且自称这是他人性尚存的原因。我也属沉默的大多数，在话语中寻找藏身之地。

　　耳朵觉醒的代价是，我没办法选择性地聆听。我知道颐和园哪里一定有黑头鸱（shī）"仔仔仔"的急促哨声，奥森公园哪里可以听见灰头绿啄木鸟尖亮的"大笑"；我也知道，乌鸫会选择在什么地方鸣唱一整个春天，婉转多变的曲目可延绵五分钟。但我不知道，什么时候人潮会突然涌来，什么时候公园又变成工地，黄土露天，沸天震地。大多数声音总是不分良莠地骤然贯耳。原本观鸟是求安宁，但沉迷听鸟却反增焦躁。

　　声音生态学家戈登·汉普顿是个极其善听的人，他深感"寂静"已濒临灭绝。30 多年来，他录过无数鸟鸣、泉韵、

黑头鸭　2017 年 11 月 18 日摄于北京植物园龙王庙前面的大槐树

风吟、山籁、走兽之音，环游世界寻找静谧之所。他说："寂静并不是指某样事物不存在，而是指万物都存在的情况。"中国古人也理解这一点，有"蝉噪林逾静，鸟鸣山更幽""惊蝉移别柳，斗雀堕闲庭""月出惊山鸟，时鸣春涧中"之语；甚至苏轼夜饮至三更，回家时"家童鼻息已雷鸣，敲门都不应，倚帐听江声"，也是静得不得了的意境。寂静是针对人的，人类缄默之处，正是物得以发声之时。我也体验过，在滴水成冰、无人问津的市郊，清晨鸟儿虽不甚多，但鸣声嘹亮，每一声都完全不同；在冰天雪地的高原，我也听过藏原羚的哒哒奔跑、猛禽盘旋时偶然扇动翅膀、角百灵围着融化的污雪滩饮水、野狗滑倒在冰封的河面上、鼠兔噌地钻进枯草洞、马群富有变化的嘶鸣……万物存在，寂静是它们言说的舞台。

但在繁华城区，即使是鸟鸣最盛的时节，即使是特意营造的景观，聆听也不总是一件愉快的事，人的干扰无处不在，噪声就像被污染的空气一样，弥漫整个城市。

红隼　2017 年 12 月 31 日摄于北京昌平沙河水库

　　法国学者贾克·阿达利说过："倾听噪声，我们才能洞察人类的愚昧并估计我们会被引向何方，而我们还可能有什么希望。"他是在和汉普顿完全相反的意义上说的，他认为噪声是未经组织的声音，在人为音乐和谐、抽象、悦耳的一般特征下，噪声具有解放的政治意义，它令人不堪忍受的随意性和爆发力，反而体现了存在的真实面向。在阿达利看来，寂静是对噪声的彻底压制，是人的死亡、精神的沉寂。他倾听的是人类噪声，汉普顿倾听的是自然声响，但有一点他们都会认同：生命充斥着声音，我们要聆听未被压制和未经规训的声音，叩问这些声音的意义。

　　进一步说，自然之音也未必总是悦耳的。鸟鸣对鸟类来说具有重要的生理功能，有些鸣唱行为与一系列充满竞争、暴力、对抗的目的相关，有些声音在人听来确实不堪入耳，可以归入噪声一类。区别在于，同为噪声，人类的噪声在广度、高度、强度上都远胜于动物，有绝对的话语权优势。而倾听的行为是天然地指向弱势群体的，因为在一开始，沉

绿头鸭

默就构成了倾听的基础；沉默者，基本是在话语圈子之外的，福柯说，话语即权力。

　　耳朵一旦觉醒，总是要倾听，而且一定要倾听非人为的声音，无论是刺耳的，还是和谐的。在这个意义上，寂静的价值无可比拟，它要求人类的克制。声音中包含着丰富的信息，用耳朵去理解，能够拉近物种之间的距离，提供强者和弱者平等交流的空间。人类噪声已经深刻地改变了动物的分布和行为模式，是时候静下来倾听这一过程了。对于许多物种，失去了寂静，几乎等同于失去沟通能力。从声音的角度，也可以倡导一种"土地伦理"——对于某些族群，寂静是他们与大地建立感情的基础，是他们最为珍视的价值。汉普顿曾提到，150 多年前苏瓜密施印第安族的酋长希尔斯说过：

　　"白人的城市没有地方：没有地方可以聆听春天的树叶或昆虫翅膀的沙沙声。或许我是野蛮人，所以不了解；但是喧嚣似乎只是对耳朵的侮辱。如果在夜晚听不到三声夜鹰优美的叫声或青蛙在池畔的争吵，人生还有什么意义？印第安人喜欢风轻轻吹过湖面的声音，还有风本身被午后的雨水洗过或吹过松林的味道。对印第安人而言，这样的空气是珍贵的，因为这是万物——野兽、树与人——共享的气息。"

印第安人热爱这些声音与味道，这是他们的权利，是他们存在的方式，也是他们文化的一部分。理解这种需求的重要性，是对他者的尊重。

人类噪声确实在多数层面远胜动物，但有一点绝对比不上，那就是时间。相比自然的声音，人为声音的历史非常短暂。黎明时分的鸟类大合唱，在地球上已响彻千万年，每天仍在各个角落被第一道晨光激活；这首古老的地球之歌已经演化出了自己的生命，我们的生命也被包含其中。聆听鸟鸣，也是聆听人类最初的存在。在各民族文化的源头，寓言讲述着"物语"：万物各说其话，显示了早期人类对寂静的体验。庄子说"天地有大美而不言"，大自然不是放弃了发声的权利，而是用更具力量的沉默来揭露语言的贫乏。

阿达利说："两千五百年来，西方知识界尝试观察这世界，未能明白世界不是给眼睛观看，而是给耳朵倾听的。它不能看得懂，却可以听得见。"仅仅听见是不够的，还要听得专注、深入，如此，才能听到自然物之间深层次的沟通，听到那段我们作为后来者参与其中的物种演化史诗，也听到寂静濒临消失的控诉和无声的痛苦。

如今，我为寂静言说的一切，都要感谢沉默的教诲。但只有沉默也是不够的，侧耳倾听，才能知道我们失去了什么。

邱见玥：昆虫圈里的跨界奇葩

姜虹（文）邱见玥（图）

在我的博物学史研究中，女性一直是我关注的重点，而当下的自然达人中，女性依然是我感兴趣的对象。我希望了解和分享她们的故事，因此列了一个采访名单，上面都是热爱自然的女性。我希望名单里有非常热爱昆虫的女性，然而找起来才发现真是寥寥无几，完全无法与喜欢植物的女性相提并论。这个反差让我有些吃惊，因为在古代中国女性就有饲养鸣虫的嗜好，而在西方历史上昆虫也很受女性青睐。例如，17世纪荷兰的梅里安（Maria Merian），养昆虫、画昆虫，还带着女儿远赴南美洲找昆虫，同时期还有英国的格兰维尔夫人（Mrs. Eleanor Glanville）和博福特公爵夫人（Mary Somerset, Duchess of Beaufort）。在之后的18、19世纪，植物学成为女性最热衷的一门学科，但喜欢昆虫的女性依然不少。小说《天使和昆虫》讲诉的故事发生在博物学盛行的维多利亚时代，女主角因昆虫与男主角结缘，书中其他年轻女孩也很喜欢昆虫，反映了那个时代女性对昆虫的热爱。如今植物依然是自然界里女性青睐的对象，而昆虫却似乎被她们遗忘了。

经过几番辗转，我找到了邱见玥，昆虫圈里知名ID"婷婷"，被虫友称为圈里的奇葩。婷婷研究的传统昆虫分类学，枯燥而辛苦，而且和其他传统动植物分类学一样，在现代的科研体系中不受待见，在全世界都处于没落的状态。然而，传统分类学与保护生物学、生物资源开发利用等息息相关，在保护生物多样性、倡导生态文明成为社会热点的今天，分类学家的工作绝不可低估。传统分类学家逐渐沦为"稀有物种"，选择这条路似乎注定了会越走越孤独，唯有凭着远超乎寻常的热爱，才能一直坚持。尽管婷婷才读博士二年级，但在昆虫学研究这条路上已有十来年，她的花金龟研究得到了学界认可，她也很享受自己的研究。

采访婷婷很顺利。碰巧我们都是重庆人，她又在西南大学读博士，我便在回家时拜访了她。后得知她经常在成渝两地附近的山上采集标本，我又请求跟随她去一次野外以及参观她的昆虫标本和图书，她都欣然答应了。我们愉快地相处了几天，爬缙云山，参观重庆自然博物馆，一起吃住了两三天，到崇州山上采昆虫，还去她家和她们一家人聊得甚欢，也如愿欣赏了标本和一家人的才艺。我不得不承认自己被这个90后妹子所折服，她的专业、严谨、才气、胆识、独立、从容等，无一不让人赞叹。

1. 不怕蛇的小女孩

婷婷从小就敢徒手抓蛇，丝毫没有畏惧感，这在女孩子中很少见，就算在男孩子中也不多见。她两三岁时就敢把邻居家打死的大蛇拎回家，奶奶也会把抓到的小蛇给她玩。上小学的时候一群男生在旁边玩扑克，她看到蛇出没，眼疾手快一把拎起来，吓得男生们一哄而散。高中时，她把翠青蛇挂在脖子上让爸爸拍照，羡煞了围观的男士，却怎么都不敢效仿。现在她也经常抓蛇，时不时在小区里把路上遇到的蛇抓住，然后找个安全的地方放走，以免蛇被踩死或者吓到邻居。

其实，对蛇的无所畏惧与其说是大胆，毋宁说是源自婷婷从小对大自然的热爱和亲近。小时候她常常为了在上学路上看花草虫鸟而不愿意坐校车，沿着小路一边玩着一边回家。还在上学前班时，有一天她在上学路上捡到一个鸟

玉斑锦蛇

把翠青蛇当"饰物"的女孩

2016 年 2 月，邱见玥在云
南腾冲县采集树皮下的花金
龟幼虫。

2016 年 8 月，邱见玥在西藏
八宿县采集牦牛尸体下的埋
葬甲。

2017 年 5 月，邱见玥在重庆
西南大学做提取花金龟部分
种类基因组 DNA 实验。

窝，里面有几只刚出生的小鸟，都还没睁眼呢。她便用泡桐树叶子盖住鸟窝，藏在草丛里，放学时再带回家，和妈妈一起喂养它们。第二天早上起来，却发现小鸟全被蚂蚁咬死了，她哭得好伤心。婷婷和妈妈回忆完这个故事，又补了一句：那是日本弓背蚁（*Camponotus japonicus*）干的坏事。我不禁微笑：不愧是个昆虫学家。

婷婷喜欢自然，受到了父母很大的影响。婷婷的父母很尊重她的想法，在学习上不想给她太大的压力。她从小没有上过兴趣班、补习班，上学之外的时间就是玩。爸爸常常带她去爬山，教她抓螃蟹，抓龙虾和各种昆虫。婷婷的妈妈则喜欢买各种科普书给她，常常带她去书店看书，颇费周折给她买国外引进的科普书，她也常常因为读课外书被老师看作"不务正业"的学生。妈妈培养的阅读习惯和爸爸培养的山野兴趣，两者相得益彰，无疑都对婷婷找到自己的兴趣和从事现在的研究有重要影响。初中升高中时，婷婷考了年级第一名，西南大学附中打电话让她去那里上高中，并提出给她奖励，但最终她和父母都觉得重点高中压力太大，选择了留在离家更近的重庆朝阳中学。婷婷父母对她的教育，一方面是出于对应试教育的质疑和挑战，另一方面他们也没有任何预设，或以"女孩子应该如何"的固化思维去

限制她学什么或不学什么，而是用更开放的方式去引导她，让她发现自己的兴趣所在。

2. 卧室里的昆虫馆

婷婷是土生土长的北碚人，在南京农业大学毕业后，研究生考回了家门口的西南大学，并继续攻读博士学位。原本我想去看她的实验室，结果她说标本都在家，养的虫子也在家，我听了完全无法想象在家里存放成千上万的虫子是什么概念。

婷婷把我引到她的卧室，这里除了一张床和衣柜，其他都是昆虫的地盘：开放的置物架上摆满装着朽木或腐殖土的盒子，里面养着各种花金龟幼虫；旁边的冰柜里塞满了还没处理的标本，客厅还有个更大的冰柜也塞满了；靠窗的墙角上下叠放着两个电子防潮柜，里面像书架一样每一层都放满了标本盒；飘窗上也放满了各种干的标本，都是从世界各地网购来或者别人寄送的，也还没来得及整理，放在标本盒里。房间满满当当，当她把一个个标本盒拿出来给我看时，只能摆在床上。重庆一年四季都很潮湿，为了保存好标本，只能用电子防潮柜；夏天时热得人和虫子都受不了，就只好让虫子和主人一起享受空调。其实这也不是她第一次在卧室里养虫子，

卧室的电子防潮柜里全是这样的标本盒

早在大学时候，她已经在宿舍里养过不少，好在室友们只是惊讶她为什么这么喜欢昆虫，并不反感她在宿舍养昆虫。

她告诉我中国的花金龟种类她差不多已经收集全了，也自信满满地表示自己的标本应该是中国花金龟收藏最全的。她的收藏范围除了中国，还包括邻国及周边地区。这些标本大部分是这些年频繁出野外在全国各地采的，还有一部分是从 eBay、淘宝上买的，全国的虫友送的或交换的，以及台湾地区、日本的昆虫学家寄送的。

"入（昆虫）坑"十来年了，她从无名小卒成长为学术圈和虫友圈里都得到认可的昆虫学家，大家也愿意把标本寄给她，发挥标本应有的价值。她也会毫不吝啬地把野外采集的一些标本寄送给研究人员和虫友，邮局的工作人员都已经跟她熟识。因为昆虫，她也成了网购达人、"剁手党"，只不过她买的都是昆虫和昆虫文献。她已经清楚地了解 eBay 上的卖家们，她会直接预定，让他们在刚好采集到她需要的标本时寄过来，大部分老挝、泰国、越南、俄罗斯和中国西北邻国的标本都是通过这种方式得到的。捷克人喜欢在中国采标本，有时候需要从他们那里再买回来；而日本不能随便采昆虫和卖标本，日本的标本基本都是研究人员送的或者交换来

的。我好奇地问有没有统计过买标本花了多少钱，她笑笑说以前记录过，后来就不记了，因为太多了，记下来自己都觉得吓人。她在家吃住，没有什么开销，博士生那点津贴基本都用在和昆虫相关的事情上了。

3. 标本里的学问

婷婷一说起她的标本，便滔滔不绝，对每个盒子的每种昆虫如数家珍。打开每个标本盒都可以看到，从盒子的挑选到标本的制作，再到标签的填写，无不展示着她的严谨、细致和耐心。最初做标本时，婷婷特意跑到天津跟台湾资深锹甲专家陈常卿学习，陈常卿收藏了大量的昆虫标本，有着一流的标本制作技术，他和分类学家黄灏出版了三卷本《中华锹甲》，是昆虫学出版物里的典范之作。

制作标本看似把一个个小虫子用昆虫针固定就好，然而在实际制作过程中却要非常细致，尤其是展腿的昆虫，需要保持每条腿的完整性和姿态，触角也需要对称固定，每个标本制作完成差不多要半个小时，这样一算，一盒标本的制作时间就很惊人了。太多没有处理的标本已经不允许她用这么多时间去做展腿的标本，虽然展腿的看起来更漂亮，但做成收腿的可以把时间压缩到五六分钟一个，而且可以节省空间，更容易保

持标本的完整性。有时为了取分子实验材料，婷婷不会像其他人那样，直接拔下昆虫的腿去做实验，而是先取下腹部，取少量胸腔肌肉作为实验材料，再把腹部拼接还原回去，以保持其完整性，取腹部的生殖器也如此，可见她对标本的珍视程度。

标签也是一门学问。"在规范的情况下，正模标本是红标签，副模标本是黄标签。"标签本来可以打印，但婷婷终究觉得打印标签没有昆虫学家自己的印记而放弃了，她希望自己能延续欧洲那些大博物学家的传统，亲自写每个标签。标签空间有限，内容却不少，包括采集人、时间、地点、物种等信息，书写标签不仅需要耐心，还需要细心。经她提醒，我认真看了下那些标签，发现里面有好多老标本，有 20 世纪六七十年代的，甚至还有三十年代的。她一一给我解释这些老标本的故事，"它们都是从南京农大借出来的，1936 年的标本大部分来自安徽黄山和浙江天目山，上面写着采集人'Kan Fan Chen'的，是研究蝉的陈淦藩前辈采的；1937 年南京沦陷，学校迁往四川，那一年几乎没有采集标本；1938 年和 1939 年的标本就基本采自成都附近了。"[1]

"国内年代这么久远的标本比较少，国外的博物馆上百年的标本倒是很多，不过标签看起来更加吃力，因为很多欧洲学者字迹潦草。我们首先得会分辨不同学者的笔迹，例如 Fairmaire 的笔迹凌乱难认，Janson 的笔迹向左倾斜，而 Bourgoin 的笔迹则工整流畅。其次，我们还必须会认老地名，例如'Tatsienlu'，也就是打箭炉，现在的四川康定；'Tsékou'，中文写作'茨古'，现在云南德钦县的茨中村；'Kosempo'，甲仙铺，现在台湾高雄的甲仙，只有非常了解过去的老地名及其变迁才能确定标本采集地。再如法国国家自然历史博物馆保存有不少 1900 年前后采自'Thibet'的老标本，其实主要指的是四川和云南藏区，而不是现在行政上的西藏，因为传教士并没有真正地深入到青藏高原去传教，最多抵达高原的边缘。这些来自中国藏区的标本多为标本收藏家 Oberthur 捐赠，Oberthur 家族办有印刷厂，过去免费为传教士印刷宣传资料，而作为交换，传教士帮他采集昆虫标本。所以，为了准确判断这些标本的真实产地，我也必须要了解不少标本采集历史，

---

[1] 南京农业大学前身为原"中央大学"（现南京大学）农学院和金陵大学（主体已并入南京大学）农学院，1937 年年底前者迁往重庆沙坪坝，后者迁往成都华西坝。

婷婷在野外捕虫

在朽木里寻找昆虫的幼虫

熟知这些老故事。"

除了自己收集标本，婷婷对国内外的标本收藏也非常清楚。她走访过国内众多博物馆和高校院所，很多时候这些地方的管理人员自己也不知道是否有花金龟标本，她只能亲自去查找确认。2017年春天，她花了一个半月去欧洲看标本，走访了6个国家的9个博物馆，包括大英博物馆、巴黎博物馆、柏林博物馆等著名博物馆。之所以去这么多地方看标本，也是缘于她的严谨态度。昆虫分类很容易犯错，同一种昆虫的变异很大，同一批次采集的也有个体差异，但大致可以看出渐变规律而判断为同种；不同地方的种变异就更大了。还有的种雌雄二型的差异太大，容易被误认为两个种，而特别相似的两个种则容易被当成同种，等等，常常还需要用交配繁殖、分子实验等方式进一步验证。为了避免犯错，婷婷会亲自查证参考文献上提到的引证标本，而不是"尽信书"。国外的标本她也会想办法去看，所以才专门去欧洲看标本，有的只能从标本馆、博物馆借出来研究。如果还有没有办法确认的标本，就只能先放在一边，等待时机再确认。

4. 老道的昆虫采集员

婷婷在高中"入坑"初始，还只是自己看书、观察身边的昆虫、画画以及通过网络和虫友交流学习，并没有多少时间和机会专门去野外研究昆虫。但是在高考结束的第二天，她就跟着事先约好的虫友到金佛山去学习昆虫采集，恰好遇上了来自台湾的资深昆虫采集员，口传身授和亲自操作，让她在短短的时间内就掌握了一大堆实用的技能。同年夏天，她又随同上海几位虫友和昆虫学者前往福建武夷山，此次出行，婷婷不仅学习了更多的技巧，也结识了更多的朋友。

最初的野外采样和标本制作，她都得到了名师的专业指导，无疑为她之后的科研奠定了扎实的基础。在南京上大学时，她的足迹已经遍布华东地区的各座大山，回到重庆后自驾到了更多更远的地方，尤其是寒暑假，她会在云南、西藏长时间采集。她已经连续几年暑假去南方各省，一去就是一两个月。而为了不让采到的昆虫在长途跋涉中夭折，一路上总要悉心照料。

在十来年的野外实战中，婷婷积累了丰富的采集经验。她一年四季都在采标本，冬天基本是采幼虫。幼虫主要吃腐殖质和朽木，它们躲在土壤和朽木里，表面都不见其踪影，需要非常有经验才能找到。第一次见面我们爬了缙云山，她示范了一下怎么在腐殖层找幼虫。她用树枝轻轻扒开落叶层，开始在腐殖质层找昆虫的粪便，不一会就在黑褐色的土里捡了一些米粒大的黑色粪粒出来。这些粪粒的识别度实在太低，以至于把它们撒回土里时，我一个都没找出来。她笑笑说："很正常啊，你不学这个，就算学这个的人也很难找到，刚刚也是运气好，不是所有土壤里都有，只能说在有粪便的情况下，我比别人更容易发现它们而已。"一周后我跟随她去崇州一座山上采集昆虫标本，看她和虫友如何在朽木里找幼虫。她会根据朽木的软硬判断里面是否可能有幼虫，然后决定是不是要劈开；常常在镐头第一次劈下去时她就知道里面会不会有幼虫，是否需要继续劈。

然而，即便是资深的采集员，经验如此丰富，一无所获的情况依然时有发生，不过她已经养成了淡定从容的心态。他们曾经为了寻找1985年在日喀则地区吉隆县尼泊尔口岸记录到的一种昆虫，在吉隆县及周边地区待了大半月，但最终并没找到目标昆虫。对此，婷婷已经习以为常，在她看来，采集昆虫讲求随缘，不可能每次都按计划实现目标。而且即使没有采到自己需要的物种，采到其他的物种，提供给实验室其他人或者世界各地研究相关类群的科研人员，或者和虫友交换标本，也都是收获。但刚

进入昆虫学领域的研究生面临的挑战就很大，没有经验本来也很难有收获，短短两三年的学制内也没有多少时间和精力去积累，很容易失去信心和兴趣，这也导致大部分人毕业之后不再从事昆虫学研究。

5. 女昆虫学家的必杀技

作为女昆虫学家还意味着什么，需要什么特别技能？从婷婷身上我至少看到了三种特质：

成为"老司机"。社会上对"女司机"的调侃甚至歧视真是无处不在，但婷婷开车却只有"老司机"范儿，事实上她拿到驾照也不过两年而已。在她刚拿到驾照时，爸爸就鼓励她去缙云山上转转，练练技术，实习期还没结束，她就开车进藏采样去了。婷婷爸爸说这姑娘比大部分女孩子更擅长操纵机械，他虽然也有些担心，但对她还是有信心的。拿到驾照后，"说走就走"的旅行对原本就很随性的她来说就更加稀松平常了。她经常在某个周末临时起意去山里找昆虫，很少刻意去提前计划，所以当她独自从重庆开车来成都，出现在我家小区门口时，我并不觉得有什么好惊讶的。我坐着她的车跑了缙云山迂回曲折的山路，成渝高速公路，还有崇州山里坑坑洼洼的毛公路，见识了她丰富的开车经

验以及一贯的娴熟和淡定。

保持"单身力"。婷婷大学毕业前就步入婚姻，这着实让我惊讶，不过按她的说法，结婚前后并没有什么改变，而她也确实让我看到了十足的"单身力"。结婚与其说是多了一个陪伴和依靠，不如说是多了一个工作伙伴；他们经常结伴出野外，但她并没有因此养成依赖性，不管是做实验、出野外还是在平常生活中，她都非常独立，看不到矫情和娇气。她承认自己是"女权主义者"，觉得女性应该坚持自己的独立性，不管是在经济上、思想上、情感上还是生活上。不管有没有人陪同，她一直保持着"说走就走"的习惯和勇气，一个人在野外也无所畏惧。在她看来野外碰到的任何动物都不会比人危险，有什么可怕的呢？

"女汉子"潜质。婷婷平时也穿可爱的淑女裙，不过一到野外就秒变女汉子；手握镐头专心致志找昆虫，是她在野外最典型的形象。她不喜欢戴帽子，因为会遮挡视线，看不见头顶飞过的昆虫；也不喜欢戴手套，双手直接在土壤和朽木里抓虫。虽然她小拇指留着舞者的长指甲，但那也只是为了采昆虫和做标本时方便。我说西藏海拔那么高，很容易晒伤晒黑啊，她笑笑说没关系，自己容易白回来。典型的对比是，一个小

师妹跟着她出了一次野外，回来后抱怨了好久，怪婷婷把自己带出去晒黑了。

我们聊到为什么这么少的女孩子喜欢昆虫学时，她认为大部分女生即便喜欢自然、喜欢昆虫，也不会喜欢长期出野外，尤其是必须依靠野外工作才能做好学问时就更难喜欢了。婷婷之所以被虫友称为奇葩，源自她在昆虫学上让人折服的专业技能，也因为她的这些特质让她成为圈里独特的存在。在崇州爬山时，带路的虫友跟我们分享了婷婷让他感动的一件小事："有一次，她为了一种大家看来没啥价值的绒星花金龟[*Protaetia (Tomentoprotaetia) bokonjici*]，特地大老远从重庆跑到成都采集，她必然不是为了赚钱才来的，因为那种花金龟不可能卖到什么钱，她的这种精神确实让我感动。她是中国花金龟专家，在这个领域的研究走在了最前面，为了做研究不辞辛苦跑过来，我没有理由拒绝她。所以，我和虫友们都表示，只要是婷婷需要的都全力支持，也没有理由不支持。"他说得有些激动，末了还拿出手机要我给他们拍个合影，对她的钦佩之情可见一斑。

6. 昆虫学家的父亲

婷婷长大后全身心投入到昆虫学，父母一如既往地无条件支持她。有一位

父亲除了当司机、摄影师，也帮忙采集

昆虫学家女儿是一种什么样的体验？恐怕婷婷爸爸最有发言权了。从小时候鼓励她到大自然去玩，到长大后全力支持她认真地"玩"昆虫，婷婷爸爸一直是女儿坚强的后盾。婷婷考上研究生后开始住家里，为了让家里有更多的办公空间，他把原本开放的客厅阳台封起来，摆上书桌和工作台，并把其中一堵墙改装成了书柜，里面塞满了专业书籍。为了方便她野外采集，他从市场买回镐头，自制木头把柄。家里原本没车，因为婷婷才买了一辆四驱的科帕奇，考虑到野外路况不好，还特意把底盘加高了三厘米。直到2015年年底婷婷才考了驾照，

在这之前的几年都是爸爸当司机，兼顾后勤服务和拍工作照，不得不让人感叹这个老爸好给力！

说起开车带他们去西藏、云南、川西以及无数次去重庆四面山采样的经历，婷婷爸爸有些兴奋。长途跋涉中的惊险故事和有趣经历，还有一路拍摄的自然风光、工作照、动植物照片，都让他颇为得意。每次出远门，动辄四五千公里的路程，遭遇过雨雪、滚石、爆胎、洪水等各种意外情况，车也修了无数次，车坏了被困在西藏等配件的事故也发生过。他们曾经一起在四面山深处的保护站住了多日，看飞舞的萤火虫，找老树

上的锹甲，抓河里的螃蟹，在保护站的坝子里灯诱昆虫，为有幸见到漂亮的阳彩臂金龟（*Cheirotonus jansoni*）而激动，想想这些温馨的画面，难怪婷婷爸爸会乐在其中。因为经常跟着出野外，婷婷爸爸也成了半个昆虫学家，认识了不少昆虫，还有良好的保护意识：不伤害野生动物，不恶意采集标本，带走垃圾，等等。

婷婷妈妈工作比较繁忙，但一有机会也会跟着大家去附近的山上转转，老两口跟着女儿去山野里，其乐融融。旅途比较长时，妈妈只能在家等消息，虽然也总是牵挂，免不了担心他们的安全，但依然全心全意理解和支持女儿追逐自己热爱的这份事业，要知道婷婷如此热爱自然、热爱昆虫，和小时候妈妈给她买大堆科普书籍可是分不开的啊。

7. 昆虫学家的艺术之家

婷婷的父母都有丰富的爱好，爸爸喜欢羽毛球、摄影、木工，妈妈喜欢越剧、刻纸、十字绣、读书、养花。婷婷妈妈早些年特别喜欢刻纸，原本还有个宏大的愿望：把王叔晖版本的《西厢记》人物插图全部刻下来。虽然最终并没有全部完成，但从她已经完成的一些作品中，依然可以看出她在刻纸上的造诣：人物栩栩如生，线条流畅，不失细节。

她的得意之作是一幅菊花刻纸，花冠密集的线条需要特别细心，一不小心就会刻断了。婷婷妈妈现在不怎么刻纸了，而是改绣十字绣，从沙发靠枕上的多肉盆栽，到花了8个月完成的《罗密欧与朱丽叶》，她把十字绣也玩到了让人惊叹的地步。她还喜欢种花，每种花开了之后婷婷爸爸就会拿相机拍下来，相机里各种开花的仙人球和苦苣苔植物的照片让我看得好生羡慕。婷婷爸爸给妈妈做的另一件事是打磨了一堆木簪子，有两支竹子造型甚至迷惑了我，当成竹枝做的了。

在妈妈的影响下，婷婷在幼儿园就开始刻纸和绘画，老师也很早发现她的绘画天赋，但她拒绝去枯燥的培训班，都是自己画着玩，妈妈有时候会教她一些刻纸的技巧。早在中学时她已经偷偷把动物刻纸作品投稿到《博物》杂志并发表，长大后更优秀的作品反而藏起来了。和妈妈的刻纸不同，她不喜欢单一的颜色，也不会专门去买彩色的蜡纸，而是直接用普通打印纸，刻好后自己填上颜色。她很欣赏妈妈的造诣，也有些惋惜妈妈没有继续刻下去。相比之下，她觉得自己的技艺还比不上妈妈，但她更有想象力，而且擅长把普通的图片转化成刻纸图稿。我很好奇，想看看她们的刻刀，当她们拿出来时真是让我大跌

婷婷母亲的刻纸

婷婷母亲种花，父亲摄影

眼镜，最原始的飞鹰单面刀片，就是她们所有作品的工具。要什么刻刀呢，又贵又麻烦，刀片挺好的啊，便宜又实用！这就是她们的答案。

婷婷的绘画除了少数几幅彩色画，大部分是铅笔白描，然后用签字笔填上黑色。在高中时，她的一幅作品《河蟹》就在《博物》杂志 2007 年举办的少年插画大赛中获得冠军，因此获得参加杂志社组织的额尔古纳河夏令营的机会。她大学时候的绘画大多数以昆虫为对象。读研究生后，科研工作太繁忙，她已经很少画，但即便学术论文插图，她也喜欢自己手绘，有时为了一个插图甚至要花上一周的时间，现在愿意花这种时间的科研人员恐怕已经不多了。

当婷婷拿出画了一半多的昆虫扑克牌和一摞大卡片时，我再次被她折服。那套扑克牌已经画好了 30 来张，我强烈要求她把它画完，她笑嘻嘻摇头说忙不过来，只能等以后了。她看着那些扑克牌，自己也很喜欢，不禁感叹："当年还说快点画完可以拿来打着玩，现在看着还挺舍不得的。"是啊，这么精美的扑克牌怎么舍得拿来玩呢！在她送我去地铁站的路上，我对她中断刻纸和绘画遗憾不已，她很淡然地说："我最大的兴趣还是去研究昆虫，去野外找它们，给它们分类，然后才是刻纸和绘画，没有时间就只好先做最喜欢的事了。"不

获奖的绘画作品《河蟹》(左)和《蝲蛄》(右)

花卉刻纸

过她也表示，自己不会轻易就放弃爱好，即便是爱好，也要认真去玩，玩得有模即便现在只是偶尔绘画和刻纸，她依然有样。真期待我们的昆虫学家哪天能完会很认真地去做，会努力做到比上一件成这套扑克牌，以及更多的绘画和刻纸作品有进步和突破，所以技艺不会丢。作品，继续她在科学和艺术里的完美的这也是她从父母身上学到的认真态度，跨界旅程。

昆虫绘图

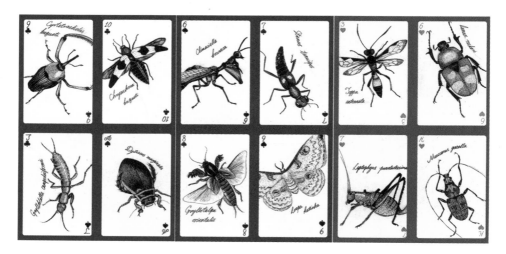

手绘昆虫扑克牌

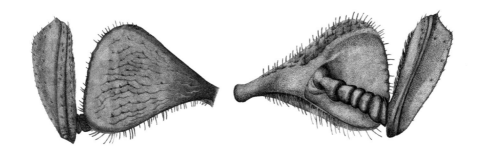

手绘论文插图：三斑蚵花金龟触角背面和腹面

手绘野罂粟

延伸：花金龟简介

　　花金龟隶属于鞘翅目（Coleoptera）金龟总科（Scarabaeoidea）金龟科（Scarabaeidae）花金龟亚科（Cetoniinae）昆虫的统称，包括狭义花金龟、斑金龟和胖金龟。花金龟广布于世界各地，以热带、亚热带地区最丰富。成虫体色多艳丽，常具刻纹、角突、花斑、鳞毛、绒毛等，身体小型至大型，触角基节和中胸后侧片背面可见。幼虫为蛴螬型，狭义花金龟的幼虫通常腹部朝上，以背部爬行，这是与其他金龟子幼虫的典型区别。

　　花金龟成虫为日出性，通常小型种类多访花，大型种类主要取食树汁或烂水果，臀花金龟属（Campsiura）取食蚜虫，还有蚁栖类群，如跗花金龟属（Clinterocera）和普花金龟属（Coenochilus）等。幼虫通常在腐殖质或朽木中，臀花金龟属幼虫通常在牛粪或象粪中生活。花金龟多为一年一代，通常以幼虫形态越冬，一些小型种类以成虫形态越冬。（资料由邱见玥提供）

"第二届博物学文化论坛"会议纪要

杨舒娅

2017 年 11 月 11 日，由商务印书馆主办，北京大学科学传播中心、北京师范大学科学与人文研究中心、中国科学技术出版社、上海交通大学出版社、湖北科学技术出版社、重庆大学出版社、中国自然辩证法研究会科学传播与科学教育专业委员会、江苏凤凰科学技术出版社八家单位协办的"第二届博物学文化论坛"在商务印书馆礼堂召开。得益于 2015 年于北京大学召开的首届博物学文化论坛的影响，本次论坛得到了社会各界的广泛关注、参与。经过网上报名、审核等流程，共有来自海峡两岸、各行各业的 120 余位代表参加本次论坛。

商务印书馆教科文中心田文祝主任主持了开幕式并分享了此次论坛的主题——博物出版与博物旅行。商务印书馆于殿利总经理首先发言。他指出，博物学顺应当下，与日常生活息息相关，它有融合多个学科的博大，也有聚集各领域参与者的魅力。商务印书馆过去就非常重视博物类图书的出版，最近又受到第一届博物学文化论坛的感染、启发，加大了在博物学出版方面的投入和编辑队伍建设，力求在生态文明建设中扮演好自己的角色。无论是博物学还是其他学科的发展，出版和学术永远是一家，商务印书馆愿以出版的方式与学界共同促进博物学的繁荣和发展，为新的社会主义文化建设做出自己的努力。

开始正式报告前，北京师范大学刘孝廷教授宣读了中国自然辩证法研究会常务理事会于 2017 年 10 月 27 日通过的决定：经刘华杰教授建议并得到中国自然辩证法研究会批准，成立博物学文化专业委员会，北京林业大学马克思主义学院副教授徐保军担任博物学文化专业委员会主任。刘孝廷教授指出，该委员会的成立为今后博物学工作的开展提供了基础性的支持，相信中国未来的博物学事业会有更好、更大的发展。

本次论坛分为特邀报告、分组讨论和神仙会。特邀报告共有 12 场，上午的报告由论坛的创始人、北京大学哲学系刘华杰教授主持。来自台湾的原台湾林业试验所所长金恒镳做了题为"自然写作要怎么自然"的首场报告。他指出自然写作是纪实类的创作，表现的是自然万物及其之间的关系。自然写作要求创作者具有广泛的阅读量和知识之间的通融，采用科学的证据，进行详细的记录，最后达到人文、科学和社会学的大融贯；既要体现科学的逻辑与方法，也要拥有文学的底蕴。随后金先生分享了《瓦尔登湖》、《砂郡岁月》（即《沙乡年鉴》）、《海风下》等多部自然文学经典名著，鼓励大家广泛阅读、动手写作、关注自然。湖北科学技术出版社社长何龙围绕"博物出版"的主题做了"湖北科技出版社'走出去'的探索与实践"的报告，分享了湖北科技出版社作为首家在非洲落地的国内出版传媒企业的探索与实践。在国家"一带一路"

的倡议下，湖北科技出版社先后与中非多家科研出版单位合作，编订并出版了《肯尼亚植物志》《肯尼亚国家地理遥感图集》《同舟共济一家子》等 6 本图书，加强了中非之间的联系，促进了国际间的学术和文化交流。何社长指出，我国的文化想要"走出去"，仍有很长的路要走，最终的目标是达到心理上的相通、融通；这也是为实现伟大复兴和建设文化强国应该做的努力。中国科学院昆明植物研究所高级工程师曾孝濂先生以"博物画浅议"为主题，分享了自己一生创作博物画的感悟，并表达了对年轻博物画家的劝勉。曾先生回溯了博物画从起初的科学化历经沉默后逐渐大众化的过程，指明了博物画"以画说事"的实用美术特点。博物画的标准要求通过写实的手法准确表达生物的形态特征，表现物种的勃勃生机，既通俗易懂，又多元共存。曾先生赞同写实的植物绘画、动物绘画已经进入"由科学时代向博物时代转变"的判断。最后曾先生寄语年轻一代画家，希望他们能勇于挑战国际标准，挑战自我，不断达到新的高度。

"博物学下午茶"创办人华梅立老师在其报告"城市博物学活动组织与深化：'博物学下午茶'的一些分享"中介绍了依托"感性、趣味、情感"的博物学传统，将自然元素融入设计中以表现其独特美感的做法，并将这种设计方法应用于教育、旅行等多个领域，取得了良好的效果。"博物学下午茶"的创立为普通人做博物学实践提供了出色而新颖的范例。来自山西大学科学技术哲学研究中心的张冀峰做了题为"平行论之后的博物学文化"的报告，总结了刘华杰教授关于博物学"平行论"思想的由来和意义。平行论视野下的博物学与科学并列存在与发展，达成一种合作关系，有交叉但互不隶属。果壳网新媒体主编陈旻在"逛动物园这件正经事"的报告中指出，目前国内的一些动物园存在动物没有自然行为、被强迫进行表演等较为恶劣的情况，为此应根据动物园环境的丰容、场馆的设计、自然教育的作用和本土动物的展示四个标准对动物园的优劣进行判断。他认为，现在动物园的建设应该以保护珍稀物种、走进科学研究、开展公众教育为三大主要目标，如果一个动物园不能解决这三个问题，则没有办法面对自己的原罪。刘孝廷教授以"博物无方，大理博物：哲学、生活与博物学"为题对博物学进行了哲学性思考，认为博物学所倡导的一些观念和方法对于改进人们看待世界的方式及提高生活质量具有重要意义。博物学突破了近代哲学知识论形而上学的核心，沟通了众多哲学流派，同时展现出悠久而

普遍的人生观和世界观并与时俱进。为此，推动博物研究与实践正当其时。最后，万科集团代表张晓康以视频和报告的形式介绍了以"绿色生活，美丽家园"为主题的2019年北京世界园艺博览会植物馆项目。下午的特邀报告由四川大学助理研究员姜虹主持。首都师范大学讲师顾有容做了题为"博物旅行中的公民科学与自然保护"的报告，介绍了基础信息不足是濒危物种保护面临的最大困难和阻力，而依托民间自然爱好者的基础信息记录能很好地提高数据分析的准确性。因此，以博物旅行的方式培训自然爱好者，可以提高公众对濒危物种保护的参与度，同时有望建立覆盖全国的生物多样性民间网络。中央民族大学副教授袁剑的报告主题为"边疆考察、博物知识与民族国家"，他指出通过边疆考察获得的地方性知识促进了"边疆"博物空间的形成，并进一步发展成为"国家"博物空间，从而丰富和完善了近代学者对于整个中国的认知。在知识空间的层面上，边疆考察所获得的博物知识对塑造中国近代民族国家形态具有重要的作用。中国科学院动物研究所高级工程师张劲硕做了题为"读万卷书，行万里路：我的博物阅读与博物旅行"的报告，指出在博物学领域既有浩如烟海的著作与文献，又有自然万物作为我们的

认知对象，在学习和体验博物相关内容时，应将博物阅读和博物旅行结合起来，达到增加感悟、拓宽人生的目的。北京大学博士研究生王钊的报告"瑞树再现：乾隆帝策划的一次野外考察活动"，介绍了乾隆皇帝命乾清门二等侍卫巴思哈和如意馆画师王幼学同赴东北满洲地区寻找瑞树并对其进行写生，同时对生境进行地质勘探和物种采集的旅程。乾隆通过这次充满博物意味的旅程，展示了自己皇权统治的能力和合法性，也表达出对于江山万代的美好期许。自然摄影师郑洋在"自然摄影与博物旅行"报告中，展示了大量精致绝美的自然摄影作品，创作主题涉及植物、昆虫、爬行动物等，以此为线索，他也分享了亲身策划和经历每一次博物旅行的收获与感受。

下午的讨论会分为 A 组和 B 组，分别于涵芬楼书店二楼和商务印书馆礼堂举行。

A 组讨论会由商务印书馆副编审余节弘主持。清华大学深圳研究生院公共关系办公室主任陈超群的报告"博物旅行与'新'游记"，以丰富的旅行经历为例，分享了博物学视角下的旅行体验、写作和绘画尝试，呼吁创造更深层次感受和体悟的旅行方式。中景方略国际规划设计院《中国书房》编辑部编辑陈丰

的"儒家的博物学传统"，分享了古人旅行中与万物对话的故事，讨论了儒家的博物学体验。中国国家地理·博物杂志品牌总监郭亦城的"要博物更是旅行"，探讨了如何将新媒体与科普运营、博物旅行结合起来，提高用户体验。姜虹的"女性的博物旅行与博物学传播"，简要介绍了她一直以来研究的女性与博物学史的关系。博物教育咨询有限公司联合发起人宋宝茹的"博物阅读与体验教室"，为听众展示了博物学图书体验教室推进青少年博物阅读的特色工作。中国科学院植物研究所植物绘画师孙英宝的"大自然真实而永恒的记录——植物科学绘画"，从科学和艺术的双重角度剖析了植物科学画的独特魅力，并指出它从学术走向大众的过程中新的价值所在。北京人民大会堂西餐厨师长徐龙的"我的香草香料博物情结"，介绍了自己在厨师生涯中与香料植物结缘的过程，并分享了他的《滇香四溢》一书。厦门大学哲学系硕士生许晓东的"厦门大学草木博物记"，分享了他在厦门的博物学体验。北京百花山国家级自然保护区管理处资源保护科杨南的"自然保护区资源管理与博物学"，探讨了保护区科考数据的采集、管理和在保护中的应用。北京大学哲学系博士周奇伟的"博物之于体验自然之美"，通过他行走各

地的亲身经历展示了人对自然直接的经验感受和审美体验，以及人与自然对话方式的建立。大道融元艺术机构艺术总监周文翰的"博物学知识生产和研学旅游开发"，指出研学旅游与博物学探索相结合的可能性、趋势和需要考虑的问题。

B组讨论会由中国科技出版社副主编杨虚杰主持。中央美术学院硕士陈玉莲做了题为"商贸，艺术，博物学——约翰·里夫斯的博物画收藏"的报告，报告厘清了贸易背景下外销艺术的生产、流通的过程及其用途，表明除了满足相关人士的猎奇心理和具有纪念意义以外，外销画以视觉知识的形式对英国科学帝国主义的构建起到了辅助作用；杨虚杰的报告以"本土博物图书出版路径与前景"为题，回顾了我国博物书籍出版的历史，并从编辑的角度对博物图书的发展前景表达了美好的期望；北京师范大学文学院于翠玲教授以"中国传统博物图书的文献资源及其出版价值"为题介绍了中国古代动植物图谱中特殊的知识体系，并指出中国传统博物图书有着丰富的文献资源，在当今利用古籍数据库获取文献资源，以多种形式编辑出版传统博物图书，也是阐释和传播国学的一种有效途径；国家新闻出版广电总局监管中心编辑郑笑冉的报告"大自

然中的自相似及不同视角维度下进化的方向性"，阐述了非线性复杂性科学与演化论、博物学的关系；湖北大学艺术学院讲师张国刚做了题为"艺术之鱼"的报告，分享了博物创作的心路历程，他通过素描、水彩、版画、陶瓷等艺术表现手法生动再现了鱼类的美丽与灵动，表达自己对水域和生命的喜爱，同时以"鱼"为主题成功举办了个人画展并出版画册，使博物与艺术契合相融；北京大学哲学系博士研究生田妍报告的主题是"从保罗·法伯的《探寻自然的秩序》看博物学的困境与转机"，她介绍了《探寻自然的秩序》一书中谈及的各个时代博物学的代表人物及其发展进路，表明博物学中的困境预示着人类所面临的困境，而博物学的转机也可能是人类的转机；辽宁省葫芦岛市科技馆副馆长李聪颖做了"博物书籍插画的实践与思考"的报告，分享了她从2014年开始参与博物绘画创作至今的体验与心得；洛阳龙门海洋馆董事长丁宏伟以"博物教育与博物馆教育"为题，分析了博物馆尤其是海洋馆在博物教育中所扮演的重要角色。

晚上的神仙会由徐保军主持，主要对博物论坛开展形式、第三届博物学论坛的筹备、博物文化推广手段等议题展开讨论。刘华杰教授指出，自然辩证法

研究会博物学专业委员会的成立，是对二阶博物学研究合理性和合法性的充分肯定，对后续博物学领域研究和实践活动的开展提供了便利，年轻人应当走到前台，在专业委员会中发挥骨干作用。讨论到第三届博物学文化论坛筹备工作时，科学出版社、阿里巴巴基金会、中国科学院动物研究所等单位均表示愿意担任论坛主办方，现场讨论热烈。部分参会人员指出，将有关一阶博物与二阶博物的报告分开可能更好。但多数人认为办会应当适当妥协，此论坛就是要一阶与二阶同台共演，相互启发，避免疏离。虽然一些人一时不习惯、觉得报告的内容差异较大，但长远看对大家都有好处。"博物学，没有丰富的一阶实践，二阶讨论可能沦为纸上空谈；没有二阶作指导，一阶方向不明，也走不远。此时复兴博物学，需要跨阶合作。"一阶博物学与二阶博物学应相互启发，落实到具体的个人身上，最好知行合一，如此博物学的发展方能长久。参与讨论的人员还就如何利用新媒体的优势提升博物学文化的影响力，如何为青少年打造合适的博物学教育课程，如何结合中国古代史、艺术史、哲学等学科内容丰富博物学研究等问题进行了论述。会议在热烈的讨论中闭幕。

本次会议历时一天，与会者既有在博物学界享誉盛名的研究者和学者，也有在博物学方方面面做出重要成就的实践者和创新者，出版界和新闻界对博物学也有浓厚的兴趣。与会者互相交流，普遍感到有较大收获。相信新时代中国的博物学会健康发展，更好地服务于百姓的日常生活和国家宏观发展战略。

本次论坛手册上附有经过反复讨论、修订的"博物理念宣言"，让人眼前一亮，但慎重起见，此次论坛并未就宣言进行表决，主办者提议会后再仔细琢磨，进一步修订，争取在下一届论坛上表决通过。

（注："第三届博物学文化论坛"于 2018 年 8 月在成都召开。）

"自在博物绘画展"在 798 艺术区开展

宋宝茹

2017 年 9 月 17 日下午，"自在博物绘画展"在北京 798 艺术区臻空间正式开展。北京大学哲学系教授刘华杰、《中国艺术报》通联部主任孟祥宁、"博物教育"创始人宋宝茹女士、臻空间艺术总监肖雁群先生及参展作品作者代表蒋正强、裴梦云、余天一等 30 余人参加了开幕活动。

刘华杰教授在致辞中表示，一些年轻朋友特别热爱自然、热爱植物，在自

博物绘画在 798 艺术区开展

2017.9.17 — 10.10 展览

"臻"空间

博物自在
Living as a naturalist
生活美学

自在博物绘画展

/地址
北京798艺术区七星东街南端
/主办
博物教育·博物绘画发展中心
北京真彩圣影文化有限责任公司
/学术支持
曾孝濂
刘华杰
/支持
中少成长
北京大学出版社

画展海报

己的画作上投入了很多精力。这类绘画在几百年前就有，尤其是19世纪以来，这类绘画主要为科学服务，但是现在时代变了，这些画应当逐渐走向市场，为大众服务。"宏观上看，这类绘画将完成从科学时代向博物时代的转变。其实在更大的尺度上看，也是一种回归——回归生活世界。"收藏这类绘画有一个好处，就是作品的水分比较少，画一幅植物画需要投入大量的时间，目前这些植物画市场价值偏低，预计几年内有一定的升值空间。

肖雁群认为，这类绘画非常漂亮，让人感觉能够非常亲近自然。这是一种非常漂亮、非常高贵的绘画形式，在国外十分兴盛，尤其是英国、美国和加拿大很多家庭装饰就采用博物绘画，这代表对自然的一种理解。经过"博物教育"及众多博物爱好者的努力，我们征集了许多优秀的博物绘画作品。为了保证本次展览的效果，全部镜框均采用了美国博物馆级的低玻璃，以便大家更好地观赏这些原作的精髓而不受到灯光的影响。本次展览是中国美术界举办的第一次博物绘画展览，这是科学与艺术的完美结合，希望将来博物绘画能在艺术市场占有一席之地。

参展作者余天一、蒋正强和裘梦云先后向大家讲解了自己的作品，与大家分享了他们的创作历程和心得。

此次展览将画作与植物装饰相结合，还一并展示了精美的博物类图书，现场不仅可以看画还可以读书，绝对是美的享受！

参展作者代表余天一、蒋正强、裘梦云（从左至右）

展览吸引了各个年龄段的观众观看

来自德国的两位帅哥尤其喜欢这幅《二乔玉兰》

本文图片来源：人民网图片频道

动态

"博物绘画全国巡展"在北京植物园开幕

宋宝茹

2018 年 3 月 17 日，"美丽中国·自然 lian 接：LIAN 博物绘画全国首展"在北京植物园开幕。LIAN 博物绘画发展中心携手生态绘画大师曾孝濂及一批国内优秀的生态主题画家，40 余幅植物艺术绘画精品在北京植物园科普馆上演首秀，其中既有第 19 届国际植物学大会植物艺术画展参赛及获奖作品，也有近期佳作。

北京植物园作为巡展的第一站，隆重拉开了博物绘画展览的序幕。成都植物园的展览也于 17 日同期启动。之后展览还将在重庆、乌鲁木齐、石家庄、郑州、南京、上海、庐山、贵阳、广州、厦门、深圳等城市的植物园进行。全国主要城市的植物园接力开"展"，将"美"的种子在各地播散。

此次联展不仅汇集了国内一线植物园，更是网罗了国内一批优秀的生态画家。这批作者中，既有在植物绘画事业的发展及人才培养中甘为人梯的老前辈，也有年富力强、正值创作高峰，精品层出不穷的年轻一代。年轻一代在借鉴国外作品和吸收与继承老一辈优秀作品经验的基础上，都有不同的创新。同时他们也不断提高自身科学素养，吸收最新的创作理念，并大胆尝试，通过互联网，与广大动植物爱好者和生态艺术绘画爱好者密切接触，互动交流，带动了博物绘画事业的发展。这些作者包括陈钰洁、陈丽芳、出离、贺亦军、顾建新、黄智雯、蒋正强、李聪颖、李小东、年高、裘梦云、青川、三淼、田震琼、吴秦昌、严岚、杨建昆、殷茜、余天一、余汇芸、张磊等，这个队伍还在不断壮大中。

此次展览由中国自然辩证法研究会博物学文化专业委员会主办，LIAN 博物绘画发展中心具体承办，全国 10 余家植物园提供技术支持和展览场地。参加全国巡展的近百幅作品将在 10 个月内，呈现主题为"美丽中国·自然 lian 接"的博物绘画作品展。LIAN 博物绘画发展中心的微信和微博将全面报道展览在各地的日程活动安排，详情也可咨询当地植物园。

此次 LIAN 巡展，兼有"连""链""莲""濂"之意。LIAN 从形式上是曾孝濂老师和中国一批优秀生态主题画家的联合，同时也表达了生态圈的概念。连——连接，链——链条，万物彼此联系。LIAN 的图标是绿色的圆盘形状，象征我们绿色的地球，其中白色的圆形代表饱满的如莲子般的种子，寓意本次展览以及我们每一位用自己的方式讴歌自然的人都是一粒种子，展示着自然的魅力与力量，并将在未来绽放出花朵。

此次巡展，也为科学植物绘画走入寻常百姓家提供了契机。在欧美，客厅餐桌摆放精致的科学博物绘画渐渐成为风尚。博物绘画是科学与美的化身，让生活于钢筋水泥之中的我们能更好地感受自然、亲近自然、热爱自然。北京博物绘画中心定期举办博物画赏鉴、博物画研习、笔会、野外写生以及主题展览、论坛和小型拍卖会等系列活动，为博物生态绘画和大众架构桥梁。

在中国文化中莲如君子，君子如莲。"出淤泥而不染，濯清涟而不妖"。愿我们成为热爱自然的君子，更多与自然的故事，靠你我来演绎。